W0073178

ullstein

Dieses Buch widmen wir dreitausendsechshundert Spitzmaulnashörnern: den Letzten ihrer Art in freier Wildbahn. Und den Tieren und Menschen des Leipziger Zoos. Besonders den einundachtzig Tierpflegern und Medizinern: den Besten ihrer Art.

Wir möchten uns bedanken für die wundervolle Zusammenarbeit in den vergangenen drei Jahren. Und wir freuen uns auf viele neue Geschichten und Erlebnisse, die uns und unsere Zuschauer immer wieder zum Lachen, Staunen und Nachdenken bringen.

Die Autoren

Das Buch

Von spionierenden Katzen, verliebten Schneeleoparden und grummeligen Tigern – die Helden der Erfolgssendung im Porträt: Seit der ersten Sendung im Jahr 2003 hat sich *Elefant, Tiger & Co* zum absoluten Publikumserfolg im deutschen Fernsehen entwickelt. Die Fangemeinde wächst stetig und fühlt mit den Tieren und Pflegern im Leipziger Zoo. Für das Buch haben einige Autoren der TV-Sendung die ungewöhnlichsten Episoden aus dem Zooalltag gesammelt – mal urkomisch, mal todtraurig. In einzelnen, in sich abgeschlossenen Geschichten werden die Tiere aus individueller Sicht der Autoren liebevoll-humorig porträtiert. Als Leser wird man blendend unterhalten und erfährt ganz nebenbei Erstaunliches über die jeweilige Tierart. So geht es um die extrem sesshaften Röhrenaale, die ihre Wohnhöhlen – einmal bezogen – angeblich nie mehr verlassen, oder um die Erdmännchen, die vom einfachen Arbeiter zum ranghöchsten Männchen und Gatten der alles beherrschenden Königin aufsteigen können. Man erfährt von einer echten Männerfreundschaft zwischen Orang-Utan und Tierpfleger, begegnet einem cholerischen Purpurhahn, einer übergewichtigen Igeldame und einem furchtlosen Kugelfisch.

Die Autoren

Eva Demmler, Axel Friedrich, Antje Schneider und Jens Strohschnieder sind Autoren der erfolgreichen Doku-Soup *Elefant, Tiger & Co,* die seit April 2003 im Mitteldeutschen Rundfunk wöchentlich gezeigt wird. Die Sendereihe hat einen wahren Boom weiterer Zoo-Serien ausgelöst. Die Autoren spenden ihr gesamtes Honorar der »EAZA Rhino Kampagne«, die sich für die vom Aussterben bedrohten Spitzmaulnashörner einsetzt sowie der »Wild Chimpanzee Foundation«, die freilebende Schimpansen und ihren natürlichen Lebensraum in Westafrika schützt.

Eva Demmler · Axel Friedrich

Antje Schneider · Jens Strohschnieder

Elefant, Tiger & Co

In Zusammenarbeit mit

dem Mitteldeutschen Rundfunk

und dem Zoo Leipzig

Ullstein

Inhalt

Elefant, Tiger & Co.

Wenn Filmgeschichten zum Buch werden ...

Meistens werden aus Büchern Filme – oft kritisiert, weil Tiefe und große Aussagen des Geschriebenen fehlen. Wie aber wird das nun bei dieser Metamorphose sein – vom Film zum Buch? Schwierig ist bereits die Auswahl, denn Spannendes begegnet einem im Leipziger Zoo auf Schritt und Tritt.

Das Lama zum Beispiel! Vorsichtig lenkt es seine Hufe über die musik-geschichtlich bedeutenden Bretter des Gewandhauses und spielt den Zoo-Werbegag erhaben mit. Oder: Voi Nam, der kleine ungestüme Ele-fantenjunge, dem eine Lektion Knigge wider Willen verpasst werden soll. Oder: die Giraffen, auf deren Geburt alle wochenlang warteten. Oder: die possierlichen Erdmännchen und eine beinahe unendliche Ausbrechergeschichte! Das ist der Stoff, aus dem die MDR-Doku-Soap ihre Geschichten webt – vor und hinter den Kulissen des Leipziger Zoos. Seit dem 1. April 2003 gilt im wunderschönen Tiergarten an der Pfaffendorfer Straße: ›Vorsicht, Kamera!‹

Elf Folgen sollten es werden. Viel zu viel, meinte ich damals. Nun, ein alter Fernsehfritze weiß: Tiere kommen immer gut ... Aber elf Folgen ...? Bald erkannte ich: Spannend ist gerade das alltägliche, normale Ge-schehen, um einen Zoo den erwartungsvollen Besuchern täglich neu und packend zu präsentieren. Futterzubereiten, Reinigen, Reparieren,

Arztvisiten, Geburten, Sterben … Beinahe zweihundert ›Elefant, Tiger & Co.‹-Folgen sind so bereits über die Bildschirme geflimmert. Die Zuschauer sind begeistert und folgen Woche für Woche dem Geschehen. Fanclubs bilden sich, in den MDR-Chefetagen herrscht eitel Freude über die guten Quoten. Es gibt wohl kaum eine vergleichbare Sendung, der es in so idealer Weise gelingt, Alt und Jung, Groß und Klein vor dem Bildschirm zu versammeln. ›Elefant, Tiger & Co.‹ ist Thema in Büros, Straßenbahnen, auf Schulhöfen. Und mehr noch: Das Leipziger Original hat eine wahre Lawine ähnlicher Tiersendungen ausgelöst. Alles Kopien, gleichwohl erfolgreich!

Was aber macht Geschichten aus einem Zoo so anziehend und faszinierend? Natürlich die Tiere – für Menschen immer schon interessant und geheimnisvoll. Können Tiere denken? Wie empfinden und fühlen sie? Mit situativer Nähe öffnen wir kleine Fenster in dieses Fragedunkel. Durch Wiederholungen und Fortsetzungen lernen die Zuschauer die Tiere kennen und lieben. Mulle – wer kannte diese Winzlinge schon? Jetzt sind sie Stars unserer Sendung und im Zoo dicht umlagert.

Auch unsere menschlichen Darsteller stehen im Rampenlicht, immer häufiger ob ihrer ›Fernsehkarriere‹ angesprochen. Natürlich sind sie weder Schauspieler noch Stars. Sie sind Menschen, die mit viel Verantwortung, Liebe und Gefühl ihrem Beruf nachgehen. Ob Tag oder Nacht, spielt bei ihnen keine Rolle, wenn es um schwierige Fälle geht. Die Zuschauer bangen und freuen sich mit dem Pfleger und trauern, wenn ein geliebtes Tier stirbt. So wurden die Pfleger Sympathieträger und den Zuschauern gute Bekannte. Denn des medialen Mainstreams und politischer Rhetorik überdrüssig, haben viele Sehnsucht nach Wahrhaftigkeit und Menschen, die sich nicht verstellen.

Alle Temperamente sind in ›Elefant, Tiger & Co.‹ erlaubt, Tabus gibt es keine. Anfangs war das manchmal schwer verdaulich für unsere Zuschauer, wenn zum Beispiel Mäuse oder Meerschweinchen verfüttert wurden. Doch Briefe mit entsprechend kritischen Vermerken muss ich schon lange nicht mehr beantworten. Darüber sind wir als Team erfreut. Es ist ein Beweis dafür, dass unsere Sendungen bilden, Verständnis und Akzeptanz fördern und zugleich unterhalten. Kriterien, die uns Redaktionsleiter Peter Dreckmann immer wieder und wieder abforderte, ja zum unabdingbaren Muss erhob.

Aber mehr noch! Wir leben in einer Zeit, in der immer noch geschützte Tiere als lukullische Leckerbissen verwöhnte Geschmäcker befriedigen oder modische Extravaganzen bedienen. Immer noch ›zieren‹ Felle geschützter Tiere Wände und sterben Tiere für zweifelhafte medizinische Rituale. Jährlich sterben tausende Pflanzen- und Tierarten auf unserer Erde aus!

Auch das ist ein Anliegen unserer Sendung: Wir wollen sensibilisieren und bewusst machen, wie wichtig Zoos für die Arterhaltung geworden sind. So fördert Leipzigs Zoo u. a. eine Affenrettungsstation in Vietnam, sowohl finanziell als auch personell. Wir haben die gequälten Kreaturen – auf Schwarzmärkten konfisziert – gefilmt und gezeigt, mit wie viel Liebe die Tiere in der Rettungsstation gehegt und gepflegt werden. Darüber zu berichten ist uns wichtig, um deutlich zu machen, dass die Ressourcen unserer Erde nicht unbegrenzt sind. So fördern die Autoren und der Zoo Leipzig mit dem Erlös dieses Buches ein Rettungsprojekt für Spitzmaulnashörner in Namibia.

In diesem Sinne sollten Sie auch unsere gedruckten Zoogeschichten verstehen. Zugegeben: Buch ist anders als Film. Während Bilder dazu

anhalten, dicht am Ereignis zu bleiben, erlaubt Papier durchaus dem Affen Zucker zu geben und der Fantasie Flügel. Allegorien zwischen menschlichem und tierischem Verhalten, seien es Neid, Gier oder Muskelspiel, sind durchaus erlaubt. Und wenn die satirisch feine Klinge politisches Wirrwarr auf die Spitze nimmt, ist das unbedingt gewollt. Mit Vehemenz und Spaß tüfteln Axel Friedrich, Eva Demmler, Kerstin Holl, Antje Schneider, Jens Strohschnieder und Jan Tenhaven immer wieder an den sprachlichen, musikalischen und filmischen Akzenten, um dem Original ständig neue Originalität einzuhauchen.

Zuletzt, wenn geschriebener Text zur ›Elefant, Tiger & Co.‹-Sprache wird, legt Sprecher Christian Steyer noch mal jedes Wort auf die Goldwaage.

Und schließlich noch: Lieber Herr Zoodirektor Dr. Junhold! Gäbe es nicht Ihren Zoo und seine engagierten Mitstreiter, gäbe es auch nicht unseren Erfolg. Ein guter Grund Ihnen zu danken – für wunderbare Arbeitsbedingungen und Ihr Vertrauen. Auch wenn filmische Absichten und zoologische Interessen hier und da mal in unterschiedliche Richtungen zeigten, fanden wir immer einen guten Kompromiss. So soll es in den nächsten zehn Jahren bleiben! Vielleicht sogar länger? Gewiss ganz in Ihrem Sinne, steigert doch die Präsenz Ihres Zoos in unserer Sendung ganz erheblich den Besucherstrom.

Und was mich diese tierischen Begegnungen gelehrt haben? Aus dem Zoo an der Pfaffendorfer Straße lässt sich immer spannend-unterhaltsam berichten, immer weiter. Elf Folgen? Lächerlich!

September 2006 | *Peter Gütte* | *Redaktion ›Elefant, Tiger & Co.‹*

Max, der Menschenfreund

Frage: Wie viele Giraffen hat der Leipziger Zoo? Antwort: Vier – und Max! Max ist anders als die anderen. Max ist besonders. Er ist Macker und Muttersöhnchen zugleich: der Macker seiner vier zierlichen Giraffendamen und das Muttersöhnchen seiner Pflegerinnen.

Max, der Rothschildgiraffenbulle, ist auf der weitläufigen Afrika-Savanne des Zoos sofort auszumachen. Er ist mit knapp sechs Metern der Größte, mit seiner von Sorgenfalten zerfurchten Stirn eindeutig der Anführer und mit seinem männlich-dunklen Teint der potenteste der Leipziger Langhälse. Auch wenn der Besucher Max gerade mal nicht im Blick hat – das mit der Potenz entgeht ihm nicht. Denn ähnlich einem Ziegenbock signalisiert Max seine überbordende Männlichkeit durch einen penetranten Duft.

Max fühlt sich zu den Menschen hingezogen. Er genießt ihre Streicheleinheiten, wenn sie ihn an seiner ebenso wulstigen wie liebesbedürftigen Oberlippe kraulen. Menschen haben ihn von klein auf betreut und ihn zu dem gemacht, was er heute ist. Als ob es nicht schockierend genug gewesen wäre, bei der Geburt aus über zwei Metern Höhe kopfüber auf die Welt zu plumpsen. Nein, anschließend von der eigenen Mutter abgelehnt zu werden, hat ihn mindestens so hart wie der Sturz auf den Stallboden getroffen. Doch Max hatte Glück im Unglück. Pflegerin Michaela Specht und ihre Kollegen päppelten den kleinen Bullen damals hoch. Milch und Liebe gab es fortan nicht von der Mutter, sondern ausschließlich von den Pflegern. Wohl deshalb fühlt sich Giraffenbulle Max den Menschen zugehörig. Oder hält er alle Menschen für Giraffen? Wofür mag er aber seine Pflegerin halten? Die ist selbst für einen Menschen eher klein und somit völlig ungiraffig. Wie dem auch sei, jedenfalls gehören Mensch und Max zu einer Art – aus Max' Sicht. Scheu kennt er deshalb nicht. Er würde sich glatt von Michaela zum Sonntagsspaziergang an der Leine durch den Zoo führen lassen. Das hätte für beide Seiten Vorteile: Der Langhals sähe mal etwas anderes und die Pflegerin ragte dank des Anhängsels endlich einmal aus der Masse der Besucher heraus. Doch das ist reine Fantasie. Zwar fühlt sich Max den Menschen zugehörig – doch nur als Primus inter Pares. Er sagt, wo es langgeht.

Wenn es mal nicht nach Max' Willen geht oder wenn er schlechte Laune hat, weil ihn ›seine‹ Frauen nerven, zeigt er ganz plötzlich ein anderes Gesicht. Dann wird er ungenießbar, unwirsch und streitlustig.

Rothschildgiraffe

Verwandtschaft Giraffen bilden zusammen mit dem Okapi eine eigene systematische Gruppe.

Heimat Trockene Baum- und Buschsteppen südlich der Sahara

Nahrung Blätter, frische Triebe [bevorzugt von Akazien]

Besonderheiten Bei Giraffen tragen beide Geschlechter Hörner [2–5], die aus Knochen bestehen und mit Haut überzogen sind. Anhand der individuellen Fellzeichnung kann man die Tiere sicher voneinander unterscheiden.

Auch Michaela hat er schon zum Gefecht herausgefordert. Als sie ihm an einem dieser schlechten Tage zu nahe kam, geschah etwas, womit Michaela nicht gerechnet hatte: Plötzlich schwang Max die Hufe und galoppierte auf sie zu. Mit jedem zurückgelegten Meter wurde er größer und größer. Und als nur noch drei Galoppsprünge zwischen Max und Michaela lagen, senkte der Bulle den Kopf wie ein gequälter, aber stolzer andalusischer Kampfstier, um sofort danach mit den Hörnern nach seiner Pflegerin zu stoßen. In diesem entscheidenden Moment kam Michaela zugute, dass sie enorm wendig ist. Mit einem beherzten Sprung über die Absperrung brachte sie sich in Sicherheit. Gerade zur rechten Zeit, denn ein Kopfstoß von Max hätte sie in ungeahnte Höhen katapultiert. Ein gezielter Tritt seiner klobigen Hufe wäre lebensbedrohlich gewesen. Max will eben nicht nur spielen. Er will seine Artgenossen in die Schranken weisen. Er ist der Alpha-Bulle! Diese Launenhaftigkeit macht Handaufzuchten wie Max im Erwachsenenalter so unberechenbar für die Pfleger.

Giraffen verständigen sich unter ihresgleichen in einer Art Geheimsprache. Zumindest für den Menschen bleibt sie geheimnisvoll, weil nicht hörbar. So, wie die Stimmlage von Fledermäusen zu hoch ist für das menschliche Ohr, ist die von Giraffen zu tief. Menschen verstehen also Giraffen nicht, doch umgekehrt hören Giraffen durchaus die menschliche Stimme. Max hört, wenn man ihn ruft. Oder besser gesagt: wenn ihn die ihm vertrauten Menschen rufen. Die Pfleger etwa. Klar, denn dann gibt's Futter. Manche Menschen brauchen Max aber gar nicht anzulocken, zu denen kommt er von alleine: Kameramänner. Drei Jahre Dreharbeiten haben ihre Spuren hinterlassen. Max findet Kameras unwiderstehlich. Wo immer eine Linse auftaucht, will Max sie

eingehend untersuchen. Warum? Man kann es nur vermuten. Vielleicht teilt er das Schicksal so mancher Fernsehstars, ist zutiefst eitel und möchte sich an seinem Antlitz in der spiegelnden Linse erfreuen. Wie für jeden selbstverliebten Star ist auch für Max Konkurrenz unerträglich. Dass ausgerechnet Simai, der eigene Sohn, Anstalten gemacht hat, sich vor den Damen als Macker aufzuspielen, war einfach zu viel. Die Flegeleien mochte Max ihm noch verzeihen – als Halbstarker darf man schon mal ein bisschen rempeln und rangeln – aber als Simai im Anflug jugendlichen Größenwahns versucht hat, bei Max' Haremsdamen zu landen, wäre auch dem nachsichtigsten Vater der Geduldsfaden gerissen. Und Max allemal! Noch nie war er weiter entfernt vom verhätschel-

ten, verzärtelten Flaschenkind als in diesem Moment. Plötzlich war er ganz kraftstrotzender Bulle, der seinen Sohn wütend und laut schnaubend in die Schranken wies, nur noch den bedrohlichen Nebenbuhler in ihm sah. Immer wieder zeigte er Simai, wer bei diesem Giraffentheater die Hauptrolle spielt. In der Natur hätte ein Jungtier spätestens jetzt das Weite und seinen eigenen Harem gesucht. So weitläufig die Afrika-Savanne in Leipzig auch sein mag, das Weite konnte Simai dort nicht finden. Also musste er gehen – nach Polen, in einen anderen Zoo. Max trauert nicht um den verlorenen Sohn. Jetzt ist er endlich wieder Max, der Alleinherrscher, Chef von vier Giraffendamen, höchstes Tier der Afrika-Savanne ... und leicht verzogenes Muttersöhnchen.

Malik – ein kleiner Löwe beißt sich durch

Auf Suaheli heißt ›Malik‹ König. Und genau so sieht er aus: Eine stattliche Löwenmähne umrahmt sein Gesicht, große Pranken lauern voller Erwartung, ein fast ein Meter langer Schwanz zuckt. Geduckt liegt Malik da, fixiert einen Ball, der in einem Meter Entfernung vor ihm hängt: Der König will spielen. Malik ist jetzt zwei Jahre alt. Und ein glücklicher Löwe. Gemeinsam mit seiner Lebensgefährtin Kimba lebt er im Chemnitzer Tierpark.

Malik hat nicht immer Glück gehabt in seinem Leben. Dabei hatte alles sehr hoffnungsvoll angefangen: Im Juli 2004 war der kleine König auf die Welt gekommen – der erste Löwennachwuchs im Leipziger Zoo seit Jahrzehnten. Mutter Luena kümmerte sich in den ersten Tagen rührend um ihr Einzelkind. Sehr zur Freude von Tierpfleger Jörg Gräser, der es selbst gar nicht erwarten konnte, den Kleinen endlich einmal in den Armen zu halten.

Doch dann passierte das Unerwartete: Luena kam wieder in die Hitze und verstieß ihren Sohn. Malik durfte sich ihr nicht mehr nähern, wurde angeknurrt, wenn er bei ihr trinken wollte, drohte zu verhungern. Alle Versuche, Luena und ihr Kind wieder zusammenzubringen, scheiterten. Malik musste mit der Flasche großgezogen werden. Das schmeckte dem Kleinen gar nicht. Jedes Mal, wenn er an dem Gemisch aus Leber und Katzenaufzuchtsmilch genuckelt hatte, spuckte er den Brei postwendend wieder aus. Tierpfleger Jörgen Winkler, der Jörg in seinem Urlaub vertrat, versuchte immer wieder, den Kleinen von der Flasche zu überzeugen. Äußerst unwillig begann Malik schließlich, kleinere Mengen von dem ungeliebten Milchersatz zu trinken – aber immerhin, er nahm zu und wurde langsam größer.

Doch die Mutter-Kind-Beziehung war nicht zu kitten. Luena wollte von ihrem Sohn partout nichts mehr wissen. Auch Jörgs Appelle, die er an sie richtete, als er aus dem Urlaub zurückkam, verhallten im Wind. Fast angewidert wendete sich Luena von ihrem Kind ab. Das war eine schlimme Zeit – sowohl für Malik als auch für seine Tierpfleger. Schließlich wussten sie, dass der kleine Löwe seine Eltern brauchte. Wer sonst konnte ihm beibringen, wie sich eine Raubkatze verhält? Maliks Zukunft sah düster aus. Denn ein Löwenkind, das von Menschenhand großgezogen wird, lernt nicht die Spielregeln für den Alltag unter Löwen. Wie sollte Malik je mit anderen Löwen zusammenleben? Dazu kam, dass der Kleine trotz Jörgs liebevoller Fürsorge einsam war. Ihm fehlten Geschwister und Eltern – und da kam Jörg eine Idee: In der Tiger-Taiga hatte es auch gerade Nachwuchs gegeben. Taimur und Tommak, zwei junge Wilde, die mit ihrer Mutter Taiga durch das Gehege tollten. In dieser Katzenkinderkrabbelstube sollte Malik in den

Angolalöwe

Verwandtschaft Katzen

Heimat Angola, Katanga [Kongo]

Nahrung Antilopen, Gazellen, Gnus, Büffel und Zebras, aber auch Hasen, Vögel und manchmal Fische

Besonderheiten Löwen gehören zu den bekanntesten Tieren und zählen zu den ›Big Five‹, den fünf prominenten Großwildarten Afrikas.

kommenden Wochen das lernen, was Jörg ihm beim besten Willen nicht vermitteln konnte: artgerechtes Verhalten.

Und so kam es, dass Malik jeden Tag in einen kleinen Handwagen gesetzt wurde, den Jörg ihm gebaut hatte. Darin wurde er die fünfhundert Meter zur Tiger-Taiga kutschiert und durfte dann mit den Tigerbabys spielen. Es sind Bilder, die Jörg nie vergessen wird: drei kleine Raubtiere, die durch das Gehege tollen, sich anknurren und balgen, über die Erde kugeln und spielen. Malik hatte endlich Geschwister, auch wenn es nicht seine eigenen waren.

In dieser Zeit hatte auch Christa Bachmann eine Idee. Die Tierarztassistentin kümmerte sich selbst gerade um ein Sorgenkind: Osca, ein Ara, der ebenfalls von seinen Eltern verstoßen worden war. Christa hatte sich seiner angenommen und päppelte es mit der Hand hoch.

Zwei Tierkinder ohne Eltern, daraus könnte doch vielleicht Freundschaft werden, dachte Christa. In den gemeinsamen Mittagspausen tra-
fen sie sich nun: Jörg und sein Löwenkind und Christa und ihr
Vogelschützling. Auf der Wiese vor dem Löwengehege bot sich ein
ungewöhnliches Bild: Ein kleiner Löwenjunge tapste durch die Ge-
gend, irritiert von einem Papageien-Grünschnabel, der sich mächtig
spreizte und Krach machte. Christa hatte nur eine Sorge: Was, wenn Malik
den Spielgefährten als Nahrung ansehen würde? Osca konnte noch
nicht fliegen und deshalb auch nicht flüchten, falls Malik eines Tages
doch noch Fressgelüste bekommen sollte. Aber Malik zeigte sich unbeeindruckt von dem Vogel. Er spielte lieber mit seinem Freund Jörg.
Und dann gab es ein neues Problem: Malik wuchs schnell heran und
passte nicht mehr in den Handwagen. Und da er nicht an der Leine

ging, weil er ja schließlich einmal ein wilder Löwe werden sollte, musste er zu Hause bleiben. Was tun? Der kleine Malik hatte außer Jörg niemanden mehr, mit dem er spielen konnte. Auch war das Löwenkind so
groß geworden, dass es nicht mehr auf der Wiese vor dem Gehege her-
umtollen durfte. Gemeinsam mit seinen Eltern auf die Anlage zu gehen
war undenkbar. Vater Matadi hätte ihn als Konkurrenten gesehen, Mutter Luena wollte ihn nicht in ihrer Nähe haben. Jörg ließ Eltern und Kind
abwechselnd auf die Außenanlage des Löwengeheges. So durften vor-
mittags Matadi und Luena, nachmittags der kleine Malik an die frische
Luft. Ein trauriges Bild: ein kleiner Löwe allein auf der Anlage. Verlassen von den Eltern, von Spielgefährten keine Spur. Und wieder war es

Jörg, der sich rührend um seinen Schützling kümmerte: In jeder freien
Minute ging er zu dem Kleinen und spielte mit ihm. Schoss Bälle,
denen Malik hinterherrannte, spielte Verstecken, balgte und raufte mit
ihm. Kurz, Jörg ließ nichts unversucht, den kleinen Löwen aufzuheitern
und ihm eine Kindheit zu ermöglichen, die annähernd der eines glücklich aufwachsenden Löwen entsprach.

Und dann kam die Zeit, als der kleine Malik zu groß und kräftig für
seinen Pfleger wurde. Aus dem Spiel mit Jörg konnte schnell Ernst werden. Wenn Malik aus Spaß mit seiner Tatze zuschlug, hatte Jörg ordentliche Kratzer auf seinem Arm. Menschenhaut ist eben aus einem anderen Stoff als Löwenfell. Aus Sorge um ihren Tierpfleger beschloss die

Geschäftsleitung, dass Jörg fortan die Löwenanlage nicht mehr betreten sollte. Und Malik war wieder allein.

Doch das sollte sich schnell ändern. Das Löwenkind war gerade ein Jahr alt geworden, da stand eines Tages eine Kiste in seinem Gehege. Malik wusste zunächst nicht so recht, was er damit anfangen sollte, doch die Neugierde siegte und er kletterte hinein. Und dann fiel der Schieber und der kleine König saß fest. Der Zoo hatte nämlich in Chemnitz ein neues Zuhause für ihn gefunden. Nun hieß es Abschied nehmen für den kleinen Malik und seinen Pfleger. Damit sein Ziehkind ihn nicht zu sehr vermissen würde, packte Jörg ihm einen Reisekoffer, vollgestopft mit Löwenspielzeug und Leckereien. Er bastelte ihm sogar aus Feuerwehrschläuchen einen Ball – gegen das Heimweh. Und dann ging es auf die Reise.

Kaum in Chemnitz angekommen, erlebte der kleine König eine Überraschung: Löwenmädchen Kimba aus Halle. Es war so etwas wie Liebe auf den ersten Blick zwischen den beiden. Seit einem Jahr sind sie unzertrennlich. Malik wird langsam ein Mann. Seine Mähne ist in einem Jahr so stark gewachsen, dass er mächtig Eindruck macht – auf die Besucher des Zoos, aber auch auf seine Dame Kimba. Malik, der König, kann endlich ein Leben führen, wie es sich für einen Löwen gehört. Seite an Seite mit seiner Herzensdame. Ob er seinen Ziehvater vermisst? Jörg schaut manchmal in Chemnitz vorbei. Dann begrüßen sich zwei alte Freunde. Sie wissen, was sie gemeinsam durchgemacht haben. Und dann wendet Malik sich wieder seinem Ball zu, geht in Deckung, der Schwanz zuckt aufgeregt. Ein sicheres Zeichen dafür, dass es Malik gut geht: Der König will spielen.

Ein kapitaler Bock

Sie sehen aus wie Schneeziegen, nur ohne Bart. Den brauchen sie auch nicht, es sind ja Schafe. Wenn Pflegerin Martina Molch das sagt, dann stimmt es auch. Man könne doch deutlich sehen, dass auf dem Kopf eine Schnecke wachse, bei einer Ziege sei es eher eine Schraube. Dennoch, die Ähnlichkeit ist verblüffend. Kurzes, weißes Fell, die Tiere ziegengroß. Und die Besucher neben mir sind gleichfalls überzeugt: weiße Ziegen. Auf dem Schild am Zaun steht aber ›Dallschaf‹. Alaskanisches Großhornschaf, nach William Dall, einem Landvermesser, benannt. Schätzungsweise sechzig- bis achtzigtausend Tiere soll es in freier Wildbahn noch geben. In Alaska werden die Widder wegen ihrer Hörner gejagt. Ganz offiziell. Ihr Kopfschmuck ist je nach Größe, Geschlossenheit und Gewicht einen Eintrag ins Rekordbuch wert. Aber unter einem Meter Umfang geht da nichts.

Die Steigerung zu solch einem kapitalen Bock sind zwei Böcke, die sich auf die Hörner nehmen. Die Begegnung dauert meist nur so lang, bis einem von beiden die Puste ausgeht. Sie knallen mit ihren Hörnern aneinander und häufig entscheidet der mit dem gewaltigsten Kopfputz das Gefecht für sich. Nur der Stärkste bleibt im Revier.

Im Zoo ist kein Platz für solche Schaukämpfe, der Pfleger bestimmt, wer der Anführer der Gruppe sein darf. In Leipzig war der Alte zu alt und der nachgezüchtete Bock zu verwandt. Frisches Blut musste her, ein ganzer Kerl aus dem Westen. Stuttgart schickte seinen willigen Bock und beendete damit gleichzeitig die eigene Zucht. So bleiben innerhalb Europas nur drei Zoos, in denen Dallschafe überhaupt noch ein Zuhause haben: Krefeld, Leipzig, Pilsen. Die meisten entscheiden sich eben doch für ›richtige‹ Schneeziegen. Die, wenn man es genau nimmt, eigentlich zu den Gemsenverwandten zählen. Aber das führt dann wohl doch zu weit.

Pflegerin Martina schwört auf ihre Dallschafe. Sieben Mädels sind es. Namen tragen sie nicht, sondern Zahlen. 29, 11, 12, 23, irgendwie so. Martina erkennt nach so vielen Jahren ihre Nummerngirls am Gesicht. Der Mann, den Martina liebevoll Johnny Depp nennt, ist nigelnagelneu, zeigt Scheu gegenüber dem weiblichen Geschlecht. Fünf Jahre ist er jung; allein auf einer Wiese aufgewachsen, entdeckt er nun zum ersten Mal das Schaf. Und dass es nicht immer vorteilhaft ist, ein solch großes Ding zur Schau zu tragen.

Kurz nach seiner Ankunft bekommt das Ansehen des potenten, gut gebauten Schafbocks einen Knacks. Gefüttert wird drinnen im Stall. Der ist kunstvoll eingepasst in einen riesigen Felsblock. Um das raffinierte Arrangement des Landschaftsgestalters nicht durch Türen zu zerstören, müssen sich die Schafe ihren Weg durch eine schmale Gasse bahnen. Für die schlanken Mädels keine Kunst, doch der Bock hat ein Problem. Zu mächtig ist sein Gehörn, erhobenen Hauptes passt er nicht durch die Öffnung. Welch eine Schmach. Die Frauen blöken belustigt herum. Ernüchtert zieht sich der Schafbock auf ein Felsplateau zurück.

Dallschafbock

Verwandtschaft Schafe

Heimat Extrem alpine und arktische Landschaften in Kanada und den USA

Nahrung Hauptsächlich Gräser und Kräuter

Besonderheiten Die Hörner der Schafe wachsen in ›Jahresschüben‹, die durch besondere Wülste voneinander abgegrenzt sind. Aus Anzahl und Länge der Zuwachsbezirke kann man Rückschlüsse auf Alter und Ernährungszustand des Tieres ziehen.

Martina sucht nach einer Lösung, Handwerker fahren vor, basteln an einer Idee. Aus sicherer Distanz, denn mit einem verärgerten Bock ist nicht zu spaßen. Martina zeigt ehrfürchtig auf ein verbogenes Geländerteil: Rambos Werk, einer der Vorgänger.

Und dann steht der Plan. Eine Umleitung, quasi von hinten durch die Tür. Die Handwerker feilen neue Riegel für die Schieber, ohne Gefahr von außen bedienbar. Danach rücken die Maurer an, fräsen große Löcher in die Wand, bauen einen extrabreiten Eingang. Darüber vergehen einige Tage. Als alles fertig ist, beginnt das Training. Martina muss dem Neuen begreiflich machen, wo es langgeht. Manchmal würde sie ihn gern bei den Hörnern packen. Doch Martina übt sich in Geduld, redet ihm mit immer wiederkehrenden Worten gut zu und lotst ihn schließlich durch die Schleuse. Er ist drin! Futter zur Belohnung und als Gedächtnisstütze, damit er wiederkommt.

Tage später, die Arbeitsbrigaden sind längst abgezogen, steht der Bock erneut vor dem engen Schlupfloch inmitten des Felsens. Die Mädels ergötzen sich im Stall schon am Heubuffet, aber die Umleitung ist noch verriegelt. Der Bock verdreht leicht seine Augen, erst in die eine, dann in die andere Richtung. Will er mit dem Kopf durch die Wand? Er setzt an, schiebt sein Horn diagonal durch die Türöffnung und verschwindet ins Innere. Mit einer Sicherheit, als habe er das tausende Male geprobt – heimlich, um Maurern, Pflegern und seinen Frauen zu zeigen, wer der Größte ist. »Dalli Knalli, du Depp«, kann Martina nicht an sich halten. Das hat er nun davon: ein Johnny in guten Tagen, der Depp in schlechten. In der Schafsherde aber ist sein Ruf wiederhergestellt. Und so kann der nächste Herbst kommen. Dann nämlich ist Brunstzeit, die erste für ihn. Und wenn alles passt, gibt es im Frühjahr Nachkommen. Kleine Wildschafe, die ein bisschen an Schneeziegen erinnern.

Orang-Utan Bimbo und sein Pfleger – Männer unter sich

Sie sitzen da wie zwei, die sich schon seit der Schulzeit kennen. Zwei, die gemeinsam so manche Unterrichtsstunde geschwänzt, Streiche zusammen ausgeheckt und ihr Pausenbrot miteinander geteilt haben. Doch diese gemeinsame Vergangenheit gibt es nicht – kann es nicht geben. Denn der eine ist Tierpfleger und der andere Orang-Utan.

Was mögen sich Frank Schellhardt und Bimbo, der imposante Orang-Mann, mitzuteilen haben? Nur getrennt durch eine Scheibe sitzen sich die beiden gegenüber. Ganz unaufgeregt, ganz ruhig, ganz selbstverständlich. Bimbos Gesicht verschwindet hinter seinen mächtigen Backentaschen. Er ist ganz in Gedanken versunken. Gedanken, die er mit seinem Tierpfleger auszutauschen scheint. Auch

wenn nur einer spricht, die beiden verstehen und mögen sich. Dass Bimbo ab und an den Eindruck erweckt, er interessiere sich eher für das Schwarz unter seinen Fußnägeln, kann der Freundschaft keinen Abbruch tun. Zwei Männer in den besten Jahren, die nicht gestört werden wollen.

In einer für große Freundschaften kurzen Zeit sind sich die beiden ans Herz gewachsen. Frank Schellhardt erschien vor sechs Jahren wie ein rettender Engel im südfranzösischen Peaugres. Bimbo lebte dort zurückgezogen als letzter seiner Art in einem Safari-Park. Apathisch und geradezu depressiv hockte er in einer Ecke, als Frank Schellhardt kam, um ihn abzuholen – und ihm im Leipziger Zoo zu einem freudvolleren Leben zu verhelfen.

Drei Jahre zuvor war Bimbos Welt noch in Ordnung gewesen. Er lebte mit seiner Frau Ushie und Robin, seinem Erstgeborenen, in einer glücklichen Kleinfamilie. Bis zu jenem heißen Augusttag 1997, an dem sich sein Leben komplett ändern sollte.

Ein Besucher warf trotz des strengen Verbots, die Tiere zu füttern, Brot auf die Anlage. Nur leider war er nicht der beste Werfer und so landete der Kanten im Absperrgraben. Was folgte, war eine tragische Kettenreaktion. Menschenaffen stehen nun einmal mit dem Element Wasser auf Kriegsfuß. Sie können entweder sehr schlecht oder gar nicht schwimmen. Der damals erst zweieinhalbjährige Robin sprang spontan und in jugendlichem Leichtsinn dem Leckerbissen hinterher. In panischer Angst um ihren Sohn stürzte sich keine Sekunde später auch Ushie instinktiv in den Wassergraben.

Für Robin jedoch kam jede Hilfe zu spät. Erst in diesem Moment bemerkte Ushie, dass auch sie in Lebensgefahr schwebte. Würde sie sich

Orang-Utan

Verwandtschaft Menschenaffe

Heimat Im tropischen Regenwald Südostasiens

Nahrung Früchte, Blätter und Rinde, daneben auch Insekten wie Termiten, Vogeleier und kleine Wirbeltiere

Besonderheiten Orang-Utans leben hauptsächlich als Einzelgänger in den Baumkronen der Regenwälder und stellen die größten Baumbewohner dar.

allein retten können? Ihr Fell sog sich im Nu mit Wasser voll. Sie wurde schwerer und schwerer. Während sie verzweifelt um ihr Leben kämpfte, versuchte Bimbo vom Ufer aus mit aller Macht, Ushies Arm oder ein Bein zu ergreifen. Immer wieder rutschte er ab, doch dann endlich hatte er Erfolg. Mit letzter Kraft gelang es ihm, sein Weibchen an Land zu ziehen. Ushie lebte – doch sie hatte zu viel Wasser geschluckt. Vier Stunden später war auch sie tot.

Mehr als drei Jahre blieb Bimbo in Frankreich allein. Bis Frank Schellhardt kurz vor Weihnachten auftauchte und ihn mit ins Leipziger Pongoland nahm, die weltweit größte Menschenaffenanlage. Dort hatte man händeringend einen Orang-Mann für die Zucht gesucht. Das glückliche Ende von Bimbos dreijähriger Isolation.

Noch immer sitzen sich Affe und Mensch im Zwiegespräch gegenüber. Der eine knabbert genüsslich an seiner Banane, der andere schaut ihm dabei zu. Wenn Frank Schellhardt jetzt zurück an seine Arbeit müsste, würde Bimbo äußerst unwirsch reagieren. Das würde nicht in seine Welt passen. Denn eines ist Gesetz: Bimbo beendet das Gespräch! Immerhin ist der sechsundzwanzigjährige Chef einer siebenköpfigen Orang-Utan-Gruppe.

Als er vor sechs Jahren ins Pongoland übersiedelte, schienen Integrationsprobleme vorprogrammiert. Da war zunächst Walter, der alteingesessene Mann der Gruppe. Die Leipziger Pfleger befürchteten harte Rangkämpfe zwischen ihm und dem Neuankömmling. Zum anderen war da Kila, das Baby des ranghöchsten Leipziger Weibchens Dunja. Die junge allein erziehende Mutter sollte Bimbos neue Frau werden. Doch mit einem Kind aus früherer Ehe? Normalerweise sind fremde Kinder für einen Orang-Mann eine Provokation, ein Angriff auf seinen

Führungsanspruch. Nicht selten sogar werden solche Babys von den Alphamännern getötet. Außerdem plagte Frank Schellhardt die Frage, ob Bimbo nach drei Jahren Einsamkeit überhaupt noch integrationsfähig sei. War er noch sozial kompatibel?

Die Sache mit Walter klärte sich erstaunlich schnell und unkonventionell: Walter hatte zwar die älteren Rechte, war aber erheblich jünger und schwächer als Bimbo. Außerdem hinkte er durch die frühe Trennung von seiner Mutter in der Entwicklung etwas hinterher. Bimbo nahm ihn einfach als Konkurrenten nicht ernst. Und weil Walter das keineswegs störte, ja, er in Bimbo sogar eine Art Vaterersatz sah, freundeten sie sich sogar an. Das ging so weit, dass der halbstarke Walter der Einzige war, der sich Bimbo nähern durfte, wenn der übellaunig war. Drosch der Boss vor lauter Frust auf alles ein, was sich ihm in den Weg stellte, schaffte es nur Walter, ihn zu beruhigen und wieder aufzumuntern. Alles ging so lange gut, bis Walter begann, sich sicher und stark zu fühlen. Wie bei einem leiblichen Vater auch versuchte er, seine Grenzen auszuloten. Wie weit konnte er gehen? Der Ältere ließ sich einiges gefallen. Doch dass Walter sich schließlich sogar an Bimbos Frauen wagte, das war zu viel. Schlagartig hörte die Freundschaft auf. Walter musste nach Dortmund umziehen.

Die weitaus gefährlichere Zusammenführung war aber die mit Kila. Als Bimbo das erste Mal mit dem fremden Kind zusammentraf, hatte Frank Schellhardt sich auf das Schlimmste vorbereitet. Wie würde der Neue auf das Baby reagieren? Gerade schien er sich von dem schmerzlichen Verlust seiner französischen Familie erholt zu haben. Würde die Wunde nun im Angesicht des Säuglings wieder aufbrechen und ihn zu unberechenbaren Reaktionen verleiten? Mit dem, was passierte, hatte nie-

mand gerechnet: Bimbo akzeptierte die Kleine. Ohne Wenn und Aber. Der Verlust des eigenen Sohnes hatte offenbar bei Bimbo Vatergefühle jedem Jungtier gegenüber geweckt.

Bimbo, ein Muster an Integrationsfähigkeit! Frank Schellhardt weiß, was er an ihm hat. Seit nunmehr einer halben Stunde schon halten Bimbo und er ihr Gespräch unter Männern. Gut, das Gespräch verläuft nach wie vor ein wenig einseitig, aber Bimbo scheint sich gut zu unterhalten. Genüsslich macht er sich über die letzten Reste seines täglichen Gemüse-Cocktails her. Harmonischer könnte eine Szene zwischen Mensch und Tier kaum sein.

Bis plötzlich ein anderer Pfleger Frank Schellhardt anspricht – ein absoluter Fauxpas! Zwar gestattet sich Bimbo gerne mal eine kleine Ablenkung, Frank Schellhardt ist das aber keineswegs erlaubt. Der Orang fordert, dass Frank ihm Zeit widmet – ausschließlich ihm. Das gebietet schon der Respekt gegenüber dem Alphamann! Von einem Moment auf den anderen wird der Affe sauer. Wütend stampft er davon, um von einer anderen Stelle der Anlage Sand und kleine Steine auf den zweiten Pfleger abzufeuern. Keine Sorge, er will niemanden verletzen. Er will nur darauf aufmerksam machen, dass man Gespräche zwischen alten Freunden nicht zu unterbrechen hat.

Walter, warum? – Fragen an einen Orang-Utan

Mensch, Walter! Was hast du dir nur dabei gedacht? Ich versteh' dich nicht. Setzt dich in die Ecke und schmollst. Wenn's nur das gewesen wäre. Nee, aber du musstest ja gleich in die Vollen gehen. Hast nichts mehr gefressen. Von einem Tag auf den anderen. Hungerstreik!

Mensch, und dabei fing doch alles so viel versprechend an. Du solltest Skandinavier werden. Und an deine Stelle in Leipzig sollte ein Orangmann aus einem französischen Safaripark rücken. In Schweden hatten die Leipziger eine Frau für dich gefunden. War ja nicht schlecht eigentlich.

Denn, Walter, ohne dir zu nahe treten zu wollen: Ein Bild von einem Mann bist du … nicht … gerade. Warst immer ein bisschen schwächlich und viel schmächtiger als ein Normal-Orang. Die Frauen haben sich nun wirklich nicht um dich gerissen. Nun warst ausgerechnet du erkoren, in Gävle eine neue Orang-Utan-Linie aufzubauen, wie sie das nannten. Solltest deine Gene mit denen einer Schwedin mischen. Glaube, der Gedanke hat dir zuerst ganz gut gefallen. Hast dich sogar richtig drauf gefreut, was? Endlich mal raus, große Freiheit, weite Welt, schöne Schwedin und so. Konnte ja keiner ahnen, dass das mit der Freiheit, der weiten Welt und besonders mit der schönen Schwedin nicht so weit her war. Deine Auserkorene war ja nun nicht gerade der Hauptgewinn. Die hat dich tierisch genervt, was? Aber eins muss man dir mal sagen, Walter: Einfach bist du auch nicht! Aber ist ja auch egal, das hat jedenfalls nicht funktioniert mit euch beiden. Nichts für ungut, Walter.

Wo ich dich total gut verstehen kann, das ist bei dieser Sache mit den Schimpansen. Da sitzt du irgendwo im schwedischen Nirgendwo rum, und als ob der Stress mit deiner ausgeguckten Frau nicht reichen würde, nee, müssen die blöden Schimpansen im Gehege nebenan alles und jeden und zu jeder Zeit kommentieren. Den ganzen lieben langen Tag nur Rumgezeter und Geschreie. Ständig Lärm und Hektik. Die haben nicht mal nachts die Klappe gehalten. Klar, dass man da kein Auge zumachen kann. Aber Walter, allein deshalb sich in die Ecke zu setzen und nichts mehr anzurühren, keine Möhre, keinen Apfel, ja nicht einmal 'ne Banane – das war nun wirklich übertrieben.

Obwohl: leidgetan hast du einem schon. Da hast du nun gesessen und gesessen und gesessen – und einfach nichts mehr gefressen. War dir denn nicht klar, dass du davon locker hättest sterben können? Aber

wahrscheinlich war dir das völlig egal. Du hast vielleicht einfach keine Lust mehr gehabt auf so ein Leben hinter schwedischen Gardinen. Deine Pfleger da haben gesagt, der Walter hat sich zum Sterben hingelegt. Mann, Walter! Die waren alle total ratlos. So einen traurigen und mutlosen Affen hatten die noch nie gesehen.

Aber wahrscheinlich war das genau deine Überlegung. Einfach nur jämmerlich genug aussehen, ein Häufchen haariges Elend – vielleicht lässt sich ja jemand erweichen und erlöst dich vom ungeliebten Weib und den noch weniger geliebten Schimpansen. Und genau so kam's. Gott sei Dank. Als deine alten Pfleger und Professor Eulenberger von deinem Unglück hörten, machten sie sich sofort auf den Weg, um dich zurückzuholen. Dass musst du dir mal vorstellen, Walter. Da hast du so oft geschimpft über den Professor, weil der alle naselang mit seinem Blasrohr kam und dich mit Pfeilen voller Medizin beschossen hat. Bist immer schon durchgedreht, wenn der nur mal um die Ecke geguckt hat. Und dann macht der sich auf die lange Reise hoch zu dir … Warum wohl? Weil er dir helfen wollte, Walter! Genau wie mit den Pfeilen, aber das hast du ja nie kapiert.

Walter, ich glaube, die haben dich viel besser verstanden, als du dir vorstellen kannst. Die wussten ganz genau, dass du einfach nur mal tierisches Heimweh hattest. Das hat man sofort gesehen, als die dich wieder in Leipzig abgeladen haben. Als am frühen Morgen der Schieber zu deinen alten Freunden hochging, zu Dunja, zu Pini, zu Dokana, zu Kila und zu Padana, da war deine Welt wieder in Ordnung. Weißt du, Walter, das war so ein schönes Bild, als die alle ankamen und dich umarmt haben. Die waren alle froh, dich wiederzusehen. Na, und du erst. Du warst so froh, dass du gleich wieder reingehauen hast wie ein

Scheunendrescher. Nichts, was halbwegs nach Futter aussah, war vor dir sicher. Und das alles gleich am ersten Tag. Ein Wunder, dass du nicht geplatzt bist.

Tja, und dann war da noch Bimbo – der Franzose! Der war inzwischen der Herr im Hause. Die Pfleger hatten total Angst, euch beide zusammenzulassen. Haben ein Riesen-Tamtam drum gemacht: »Zwei Orangmänner auf einer Anlage, das geht nicht, die hauen sich die Köpfe ein« und so weiter. Aber mit dir als Rückkehrer hatten sie jetzt nun einfach mal zwei Männer. Und, Walter, das war das zweite Mal, wo ich dich einfach nicht verstanden habe. Du hast dich dem Neuen einfach vor die Füße geworfen. Hast ihm kampflos das Feld überlassen. Hast ihn sogar als so was wie deinen Vater verehrt. Hast dich soo klein mit Hut gemacht. Hätte nur noch gefehlt, dass du ihm die Füße küsst. Hat auch so schon gereicht. Hast mit ihm gespielt, ihn beruhigt, wenn der mit mieser Laune Amok auf der Anlage gelaufen ist … Mensch, Walter! Hast du das nötig gehabt? Du warst schließlich schon viel länger hier in Leipzig. Das waren alles mal deine Frauen … nun gut, zumindest theoretisch. Und dann kommt da so ein Franzose daher – charmant, charmant – und du ziehst den Schwanz ein. Okay, Monsieur sah schon beeindruckend aus, mit seinen riesigen Backentaschen und den dicken Muskeln. Der war mindestens doppelt so breit und doppelt so stark wie du. Aber deshalb gleich klein beigeben – das war echt kläglich.

Na ja, aber irgendwann ist es dir dann wohl doch gegen den Strich gegangen. Immer ducken und kuschen. Ständig nur die Nummer Zwei. Hast gesehen, dass der Bimbo eigentlich ein ganz Lieber war. Und da hast du dir wohl gedacht, den piesacke ich jetzt mal ein bisschen. Das ist ja auch eine ganze Weile gutgegangen. Der Bimbo hat total Rück-

sicht auf dich genommen, so schmächtig und … na ja, sagen wir mal – unterentwickelt, wie du warst. Das war echt ein feiner Zug vom Bimbo. Bis, ja bis du auf den Trichter mit den Frauen gekommen bist. Mensch, Walter! Das hättest du echt nicht machen sollen. Da ist dem Bimbo der Hut hochgegangen. Kann man ja verstehen. Man macht sich einfach nicht an die Frauen vom Chef ran! Und ab da ging dann nichts mehr. Da hattest du den Salat. Du musstest wieder weg. Aber die Leipziger

hatten ein Einsehen mit dir heimwehgeplagtem Affen. Denn inzwischen hattest du eine eigene Partnerin gefunden: Toba. Und ein gemeinsames Kind gab's auch schon: Tao. Und die beiden haben sie dir gleich an die Seite gestellt, als es im Januar 2006 nach Dortmund ging. Dort lebst du nun glücklich und zufrieden mit einigen Schabrackentapiren im so genannten Regenwaldhaus. Und viel wichtiger: Es nerven keine blöden Schimpansen!

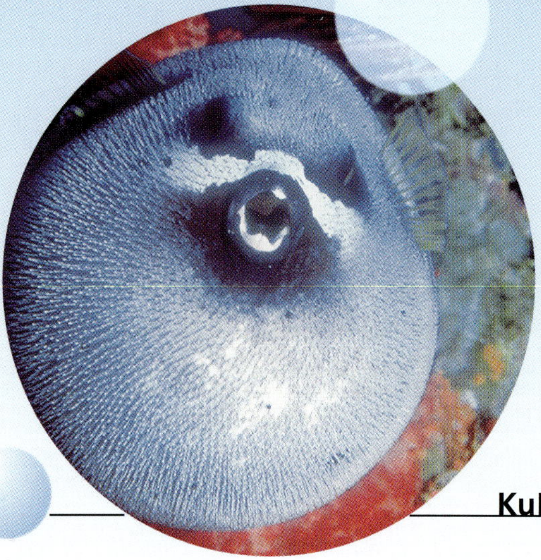

KuFi, blas dich nicht so auf!

Es scheint, als wolle er seine wulstigen Lippen an die Scheibe pressen. Oder ist er nur neugierig, sieht womöglich schlecht? Arothron Hispidus, der Weißfleck-Kugelfisch. Liebhaber sagen schlicht: KuFi. Rundlich, gedrungen, gleichmäßig gefleckt, inspiziert er mich mit seinen großen Glupschaugen. Ich halte seinem bohrenden Blick stand. Und dann dreht er ab, propellert mit den viel zu kleinen Brustflossen geradewegs auf einen Hai zu. Ein Kugelfisch zeigt keine Angst.

Seit fünf Jahren schiebt KuFi seinen runden Bauch durch das große Ringbecken. Reichlich zweihundert Kubikmeter Wasser teilt er sich mit Schwarzspitzenriffhaien, Bambushaien, einer Muräne, Zackenbarschen, Drückerfischen und Doktorfischen. Fressen und gefressen werden, überleben um jeden Preis, das ist das Gesetz der Natur. Doch die Haie im Zoo sind wohlgenährt. Was KuFi ein ruhiges Leben beschert – ohne Angst. Es ist zwar nicht das Rote Meer, aber immerhin, ein Riff existiert. Das liebt der Kugelfisch, dort legt er sich nachts schlafen, findet in den kleinen Ritzen Unterschlupf, wenn die Haie im Aquarium doch einmal mies drauf sind.

Zum Leben braucht der Kugelfisch nicht viel. Am liebsten verspeist er Muscheln. Die knackt er genüsslich in seinem runden Maul, schleift sich damit die Zähne auf Maß. Lothar Dudek, sein Pfleger, schiebt ihm die Schalentiere zu, vorbei an den Haifischzähnen. Der Kugelfisch dankt es mit Zuneigung. Klebt begeistert an der Scheibe. Ist KuFi eine Frau? Lothar zuckt mit den Schultern. Weiß nur, dass er in den letzten Jahren gewachsen ist, jetzt reichlich dreißig Zentimeter misst. Fehlen noch zehn zum Erwachsensein. KuFi ist im Halbstarkenalter. Aufmüpfig schwimmt er den Großen vors Maul, während die hungrig nach fettem Futterfisch schnappen. KuFi hat keine Furcht.

Alles änderte sich an jenem Tag, Weihnachten 2004, als Nicki in KuFis Territorium einzog. Ein Sandtigerhaiweibchen, mit eineinhalb Metern Länge konkurrenzlos. Ihre langen, dolchförmigen Zähne trägt sie sichtbar zur Schau. Die Königin des Beckens.

Es begann mit einer normalen Fütterung. Hering, Meeresgetier, Tintenfisch. KuFi flitzt mit leuchtenden Augen zwischen den Haien umher. Plötzlich schnappt Nicki genervt nach dem Kugelfisch, zerkratzt dem

Kugelfisch
Verwandtschaft Zu den Haftkiefern gehörend

Heimat Vorwiegend nahe der Küste in tropischen und warmen Gewässern

Nahrung Krebse, Muscheln und Schnecken sowie Korallenstöcke und kleines Meeresgetier

Besonderheiten Bei Erregung bläht ein Kugelfisch seinen Körper kugelförmig auf. Diese Fähigkeit besitzen sonst nur noch die nahe verwandten Igelfische.

kleinen Kerlchen mit ihren spitzen Zähnen den schuppigen Bauch. KuFi hat eine Schramme und zum ersten Mal Angst. Nickis Jagdinstinkt erwacht, sie nimmt die Verfolgung auf. Panisch kämpft sich der Kugelfisch durch das plötzlich viel zu große Becken. Zweihundert Kubikmeter Wasser. KuFi kann mit seinen Flossen trillern, die Bewegungsrichtung ändern, vorwärts und rückwärts paddeln, aufwärts und abwärts steigen – größtmögliche Beweglichkeit auf engstem Raum für einen schwerfälligen Kugelfisch. Doch Nicki drängt ihn längst in die Ecke. Auge um Auge, Zahn um Zahn …

KuFi hat eine letzte Chance: In Windeseile beginnt er, Wasser und Luft zu schlucken. Sein Bauch wird größer und praller – KuFi pumpt sich auf. In Sekundenschnelle wächst der Kugelfisch vor Nickis Augen, seine Stacheln, sonst eng am Körper anliegend, zeigen nun drohend nach außen. Hässliche Widerhaken. Jetzt ist KuFi sicher einen halben Meter

groß, lässt sich nicht so leicht von einem Hai verschlingen. Nicki weicht zurück, KuFi entwischt, das rettende Riff greifbar nah … Autsch! – Daran hatte keiner gedacht. Der pralle Fisch passt nicht mehr durch die Lücke. KuFi platzt fast vor Angst. Wird ihn Haiweibchen Nicki jetzt etwa verspeisen?

In Japan ist KuFi eine Delikatesse – für den Menschen. KuFi heißt dort: Fugu. Fugu genießen ist wie russisches Roulett. Denn die Eingeweide eines Kugelfisches sind tödlich. Sie enthalten das Gift Tetrodotoxin. Wenn auch nur ein Tropfen davon auf dem Teller landet, ist der Fisch mit großer Wahrscheinlichkeit die letzte Mahlzeit. Dennoch sind in den letzten Jahren weniger Menschen an einer Kugelfischvergiftung gestorben, vielleicht zehn pro Jahr. Nicht, weil die Japaner es plötzlich mit der Angst bekommen haben und ihr geliebtes Fugu meiden, ganz im Gegenteil. Doch das Gesetz erlaubt nur noch lizenzierten Köchen die

Zubereitung dieser Speise. In Kursen lernen sie, wie die zähe, zum Teil giftige Haut abgezogen und die inneren Organe unbeschädigt entfernt werden.

Tetrodotoxin – weiß Nicki um die tödliche Waffe des Kugelfisches? Pfleger Lothar kommt im rechten Augenblick: Er zieht den nach Luft schnappenden KuFi aus dem Wasser. Der ist schwer wie ein Benzinkanister, die Haut zum Platzen gespannt. KuFi atmet noch immer heftig, als Lothar ihn in ein separates Becken gleiten lässt. Wie ein Luftballon treibt er dort an der Oberfläche, manövrierunfähig. KuFi muss noch viel lernen.

Nicki patrouilliert inzwischen wieder durch das Ringbecken. Auch Sandtigerhaie sind in Japan eine Delikatesse. Die Flossen werden zu Haiflossensuppe verkocht und ihr Lebertran ist begehrt.

KuFi und Nicki leben zum Glück nicht in Japan, sondern in Leipzig – seit Weihnachten 2004 in getrennten Becken.

Der Kugelfisch klebt wieder an der Scheibe, glotzt mich an. Ich glaube, KuFi ist einfach nur kurzsichtig. Warum sonst sollte er einem Hai ums Maul gehen? Fressunfälle passieren leider manchmal, meint Tierpfleger Lothar und beginnt mit der Fütterung.

Straußendame Heide – das Opfer der Schwampel

Strauße haben lange Hälse, einen kleinen Kopf und ein noch kleineres Hirn, damit es in den kleinen Kopf passt. In Leipzig sind die Strauße nach Politikern benannt. Und das kam so: Als der erste namenlose Strauß im Zoo ankam, betrachteten die Tierpfleger ihn sich erst einmal genauer. Sein Hals sah aus wie ein langer Schlauch. Und – den Grünen sei's gedankt – schon hatte der Hahn einen Namen: Rezzo. Und da man nun einmal angefangen hatte mit der politischen Namensgebung, wurden auch die drei Hennen sogleich bedacht. Natürlich sollte der Parteienproporz gewahrt bleiben. Also mussten die SPD, die CDU und die FDP ebenfalls ihren Strauß bekommen. Für die CDU? Angela Merkel. Weil sie aus dem Osten ist, und … Na ja, das muss reichen. Dass die eines Tages unser aller

Kanzlerin werden würde, konnte damals noch keiner ahnen. Für die FDP? Sabine Leutheusser-Schnarrenberger. Wer sich so einen eindrucksvollen Nachnamen leisten kann, der hat es verdient. Außerdem hat der Name lautmalerische Vorteile. Sprechen Sie ihn einfach nur fünfmal hintereinander aus und stellen Sie sich vor, Sie sind ein Strauß. Schreiben Sie uns, wie Sie sich gefühlt haben. Also langer Hals, kurzer Name: Sabine von der FDP. Dann blieb noch die SPD. Und just zur Zeit der Namensgebung trug es sich zu, dass Heide Simonis in Schleswig-Holstein, ja sagen wir es ruhig so: schmählich aus dem Hinterhalt abgeschossen wurde. Also aus Mitleid: Heide! Und warum keine gewendeten Postsozialisten? Liebe PDS-Anhänger! Haben Sie Verständnis ... Der nächste Strauß gehört Ihnen, wenn Sie es wieder in den Bundestag schaffen.

Und eigentlich würden Strauße mit den kleinen Hirnen ja einen Namen von der NPD verdient haben. Aber auch ein Strauß hat seinen Stolz. Also da waren sie, unsere vier Strauße: Rezzo [Grüne], Angela [CDU], Sabine [FDP] und die rote Heide [SPD]. Die spannende Frage war nun, ob sich die vier verstehen würden. War ein Streit nicht durch die Namensgebung vorprogrammiert? Nomen est omen? Die Antwort ist: ja. Es dauerte nicht lange, da beschloss Macho Rezzo [Sic! Auch grüne Männer sind nicht frei von Machismen], dass er Heide nicht mag. Pech für Heide, denn der Mann mit dem tennisballgroßen Hirn biss zu. In die Beine, in den Körper. Dann gab es auch noch Zickenalarm. Angela und Sabine schien es gar nicht so ungelegen zu kommen, dass Heide die gesammelten Aggressionen des Alphastraußes auf sich zog. Und nicht nur das: auch sie begannen, Heide anzugreifen. Welch schäbiges Verhalten von unseren ›Politikern‹! Auf einmal stand Heide einer Jamaica-

Afrikanischer Strauß

Verwandtschaft Laufvögel

Heimat Ost- und Südafrika

Nahrung Körner, Gräser, Kräuter, Blätter, Blüten und Früchte. Insekten wie Raupen und Heuschrecken sind nur Beikost.

Besonderheiten Der Afrikanische Strauß gehört zu den Laufvögeln und ist der größte lebende Vogel der Erde. Die Männchen können bis zu 2,75 m hoch werden und wiegen bis zu 150 kg.

Koalition gegenüber. Schwarz-gelb-grün gegen rot. Die schwarze Ampel, die böse Schwampel. Wurden Sie schon einmal von einer Schwampel gebissen? Arme Heide – tagsüber war sie immer auf der Flucht, nachts blieb sie alleine im Stall. Irgendwann war die Henne völlig zerbissen. Die Pfleger mussten die Sozialdemokratin von ihren politischen Widersachern trennen. In dem Moment geschah die politische Wende! Im kleinen Straußenkabinett geriet Angela [alias ›die Kanzlerin‹] ins politi-

sche Abseits. Rezzo konnte auch sie plötzlich nicht mehr leiden. Was zählen schon Freundschaften in der Politik? Jeden Morgen nahm der grüne Hahn im Korb seine einzig verbliebene Lieblingshenne, Sabine [FDP], und stolzierte mit ihr über die Savanne. Jetzt konnte auch Heide sich wieder hervorwagen. Sie und Angela bilden zur Zeit eine große Koalition in der Opposition. Für politische Propheten ist das Leipziger Straußengehege eine wahre Inspirationsquelle.

Aufstieg und Fall des Erdmännchen-Königs

Er hatte es geschafft! Er war am Ziel seiner Träume: Der Thron gehörte ihm. Er hielt die Krone fest in den Krallen. Endlich König, endlich Mann! Und nun? Aus der Traum! Weggejagt von den eigenen Kindern. Vertrieben wie ein räudiger Hund. Unwürdiges Ende eines Monarchen. Und dabei hatte alles so gut angefangen, vor eineinhalb Jahren: Beginn einer neuen Ära, seiner Erdmännchen-Ära.

Es war zu der Zeit, als die Dynastie der Leipziger Erdmännchen zu Ende zu gehen drohte. Männchen und Weibchen passten einfach nicht zusammen. Nachwuchs war nur ein Wort, dem keine Taten folgten. Wie in solchen Fällen häufig, wurden auch bei den Erdmännchen die Schuldigen schnell ausgemacht: die Frauen. Sie wurden kurzerhand nach Rostock verbannt. Im Austausch kamen die Rostockerinnen nach Sachsen. Von ihnen wurde nun Großes erwartet: ein steiler Anstieg der Geburtenrate.

In diesem Zusammenhang muss man zwei Dinge wissen. Zum einen: die Erdmännchen-Gesellschaft ist matriarchalisch geprägt. Das heißt, die Frauen haben das Sagen. Zum anderen: Erdmännchen sind verschworene Anhänger der Monarchie. Logische Konsequenz: An der Spitze des Staates steht eine Königin, ein paar Schritte dahinter folgt der von ihr gewählte König.

Er hatte es geschafft! Er war am Ziel seiner Träume. Mit seinen kleinen, stecknadelartigen Raubtierzähnen hatte er sich verbissene Kämpfe mit seinen Nebenbuhlern geliefert. Und er hatte gesiegt. Er hatte die Königin am stärksten beeindruckt und ihre Gunst gewonnen und damit das Recht sich fortzupflanzen. Seine Nachkommen würden das Überleben der Welt sichern! Nun ja, zumindest das der kleinen Erdmännchen-Welt im Leipziger Zoo.

Jetzt, wo er der Herzkönig der Regentin war, Oberhaupt der Erdmännchen, jetzt, wo es darauf ankam, gelangte er zur vollen Reife. Denn als Untertan war er zwar ausgewachsen, aber nicht geschlechtsreif. Erst jetzt, wurde er ein echter Erdmann! Der Neid des gesamten männlichen Hofstaats war ihm sicher. God save the Queen!

Und so zeigte sich ihm der Himmel auf Erden. Während seine früheren Nebenbuhler sich mit einem Platz im zweiten ›Glied‹ zufrieden geben mussten, genoss er den Platz an der Sonne und zeugte Thronfolger um Thronfolger. Während die anderen bei Sturm und Regen in den Ausguck auf den künstlichen Termitenhügel mussten, um nach Feinden Ausschau zu halten, konnte er sich in einer trockenen Höhle wärmendes Rotlicht auf den Bauch scheinen lassen.

Wenn man es genau betrachtet, war er exakt der Richtige für Krone und Thron. Schon vor seiner Amtsübernahme hatte er einen legendären Ruf: Der erste Mann im Erdmännchen-Staat war nämlich ein bei seinen Artgenossen berühmter, bei seinen Pflegern berüchtigter Ausbrecher-König. Seine Expeditionen ins Tierreich gingen in Leipzigs zoologische Geschichtsbücher ein. Kein Felsen war ihm zu hoch, kein Fundament zu tief, als dass er und seine Kumpels sie nicht hätten überwinden oder untertunneln können. Triebfeder all seines Handelns: die den Erdmännchen

Erdmännchen

Verwandtschaft Als Schleichkatze zu den Raubtieren gehörend

Heimat Offene Landschaften Südafrikas

Nahrung Insekten, Reptilien, Vögel und Kleinsäuger; Jungtiere werden im Alter von 6 Wochen von der Mutter auf die Nahrung geprägt.

Besonderheiten Als ausgesprochene Tagtiere leben die Erdmännchen gesellig, oft mit Erdhörnchen vergesellschaftet. Die selbst gegrabenen Bauten werden nur als Zufluchts-, Schlaf- und Geburtsstätte aufgesucht.

eigene unbändige Neugier. Alles, was kreucht und fleucht, muss aus unmittelbarer Nähe beäugt, beschnuppert und vorsichtig berührt werden. Als etwa eines Tages direkt vis à vis vom Gehege der Erdmännchen schweres Räumgerät, Bagger und ein nie abreißender Strom von Lastwagen vorfuhren, um Platz für die neue Afrika-Savanne zu schaffen, befürchtete man für die vermeintlich scheue Erdmännchen-Dynastie das Schlimmste. Würde der monatelange Baulärm sie zu sehr stressen? Stressen??? Keine Spur!!! Magisch angezogen von so viel spannender Unterhaltung um sie herum, rückten sie in Truppenstärke aus, um dem Treiben aus nächster Nähe zuzuschauen. Und als die Baumaschinen wieder abgezogen waren und durch Giraffen, Zebras und Antilopen auf der nunmehr ›Kiwara-Savanne‹ genannten Wiese ersetzt wurden, pfiff der Ausbrecher-König sein Gefolge erneut zusammen. Schließlich galt es, die neue, aufregende Welt jenseits der eigenen vier Felsen zur erkunden. Kein noch so hohes Tier, kein noch so lautes Schnauben vermochte die Erdmännchen zu beeindrucken. Stets siegte Neugier über Vorsicht, Vergnügungslust über Angst.

Für besondere Furore sorgte eine Forschungsreise in die Flora und Fauna außerhalb der Zoomauern. Gut zwei Kilometer wanderten die schaulustigen Ausreißer, um in einem Tierheim Schäferhund und Perserkatze kennen zu lernen. So hätte es ewig weitergehen können, wenn nicht ein meisterlicher Maurer und die neue Königin dazwischengegangen wären. Ersterer kerkerte die Erdmännchen ausbruchsicher in ihr Gehege, die zweite sorgte für die Resozialisierung und den unerwarteten und unaufhaltsamen Aufstieg des Ausbrecher-Königs.

Er hatte es geschafft! Er war am Ziel seiner Träume. Hatte all die Privilegien genossen. Hatte sich im Schein der Königin gesonnt – und hatte

irgendwann vollkommen verdrängt, dass jeder seiner männlichen Untertanen ein potentieller Umstürzler ist. Naturgemäß strebt jeder Erdmännchen-Mann danach, an der besonnten Seite der Königin durchs Leben zu gehen. Denn nur so ist er Mann! Und so kam es, wie es kommen musste. Eines Tages erwachte der König neben seiner Königin – und meinte, die roten Fahnen wehen zu sehen. Revolution! Von allen Seiten stürzten sich ehemals Königstreue auf ihn, drangsalierten und attackierten ihn, bissen ihm gar in den Nacken. Der König verstand die Welt nicht mehr. Eben noch war er ein angesehener, geschätzter Landesvater und dann – von einem Tag auf den anderen kommt ausgerechnet einer seiner Söhne daher und stößt ihn vom Thron. Für den König eine bittere Erfahrung, in der Natur aber ein völlig normaler Machtwechsel. Der Monarch hatte einfach nur für einen Augenblick vor den Realitäten die Augen verschlossen. Es war halt so schön …

Sie hatten ihn geschafft! Er war am Ende seiner Träume. Allein dem beherzten Eingreifen seines Pflegers hatte er sein Leben zu verdanken. Wäre der nicht gewesen, hätte die Erdmännchen-Meute ihren König gelyncht. Nun saß der verbissene Regent in Schutzhaft hinter den Kulis-

sen. Weit weg von seinen Artgenossen, weit weg von den begeisterten Zoobesuchern. An Rückkehr war nicht mehr zu denken. Der einstige Staatslenker hätte sein Leben riskiert.

Welche Möglichkeiten hatte er noch? In Gram versunken fernab der Öffentlichkeit seinem Ende entgegenzuvegetieren? Seine Erfahrungen als Ausbruchsspezialist wieder hervorzukramen und sich heimlich, still und leise aus dem Staub zu machen? Nein, das war eines Adligen nicht würdig. Es musste ein Exil her. Da traf es sich gut, dass das Kölner Königreich einen neuen Herrscher suchte. Nur zwei Tage später, an einem regnerischen Maitag, kamen Gesandte des Kölner Hofes, den ehemaligen Leipziger Regenten zu holen. Durch die Hintertür, aber erhobenen Hauptes verließ der alte Erdmännchen-König sein Stammhaus. Schon am nächsten Tag sollte er zum König von Köln ernannt werden. Kölner Hofberichterstattern zufolge hätten sich die ausgelassenen Inthronisierungsfeierlichkeiten über mehrere Tage hingezogen. So lebensfroh, ja so aufgekratzt hatte man den alten, neuen König lange nicht gesehen. Er hatte es geschafft! Er war am Ziel seiner Träume.

Laura und Onegin – zwei Schneeleoparden und eine [fast] unmögliche Liebe

Schon lange hatte sie sich einen Mann gewünscht. Wenn sie tagsüber in ihrem Gehege saß, durch ein Gitter von der Welt getrennt, dann träumte sie von ihm: Stark sollte er sein, muskulös, geschmeidig und – natürlich – ein echter Kavalier.

Nicht, dass Laura ohne Mann nicht leben könnte, schließlich sind Schneeleoparden Einzelgänger. Doch besonders im Sommer, wenn Menschen-Pärchen vor ihrem Gitter stehen blieben, Eis essend in den Käfig starrten, um dann Hand in Hand zu den Amurleoparden rechts von Laura weiterzuziehen, dann kamen der Schneeleopardin romantische Gedanken: Wie wäre es, wenn auch sie ihren

Traummann bald finden würde? Grübelnd saß sie dann auf ihrem Baum, vergaß die Welt um sich herum. Träumte sich in die Hochgebirge Zentralasiens und zu ihrem idealen Gefährten, mit dem sie eine Familie gründen und viele Kinder in die Welt setzen würde.

Besonders schlimm war es nachts, dann, wenn die Zoobesucher nach Hause gegangen waren und die Amurleoparden nebenan ihre amourösen Abenteuer begannen. Im Schutz der Dunkelheit liebten sie sich – und Laura lag wach die ganze Nacht, hörte die Nachbarn Liebesschwüre flüstern – und fühlte sich einsamer denn je.

So ging das ein halbes Jahr: hundertsiebenundsechzig Tage und Nächte des Wartens und des Träumens. Und dann, am hundertachtundsechzigsten Tag, passierte es. Schon früh am Morgen war alles anders als sonst: Die Tierpfleger schienen aufgeregter, die Sonne sonniger und ein verheißungsvoller Geruch lag in der Luft. Als Schneeleopardin Laura ganz tief durch ihre Raubtiernase einatmete, meinte sie, einen Hauch von Traummann riechen zu können.

Gegen Mittag fuhr ein Tiertransporter mit Krefelder Kennzeichen vor. Zwei Laura unbekannte Tierpfleger luden eine Kiste ab und brachten sie, gemeinsam mit dem Leipziger Tierpfleger Jörg Gräser, in den Nachbarkäfig. Interessiert beobachtete Laura das Ganze aus einem Winkel ihres Geheges. Ihre gelbgrünen Augen wurden heller, die Schnurrbarthaare waren nach vorne gestreckt und zitterten angestrengt. Die felligen Ohren spielten in alle Richtungen, um ja nichts zu verpassen, und der schwarze Strich um ihre mandelförmigen Augen schien wie frisch mit einem Kajalstift nachgezogen. Laura hatte Witterung aufgenommen. Onegin, ein Schneeleopard aus dem Krefelder Zoo, zog ins Nachbargehege ein. Er und Laura sollten für Nachwuchs sorgen. Doch zunächst

bekam die Schneeleopardin ihren Zukünftigen nicht zu Gesicht. Wenn sie ihre Ohren spitzte, dann konnte sie vielleicht am Gang des neuen Nachbarn erkennen, dass es sich um einen stattlichen Schneeleoparden-Kater handeln musste. Tierpfleger Jörg bestätigte die Vermutung: »Was für ein Prachtkerl!«, rief er aus. Doch etwas irritierte Laura. Etwas ganz Entscheidendes: Der Geruch von Onegin gefiel ihr gar nicht. Was genau sie störte, das kann nur eine Leopardennase nachempfinden. Laura und Onegin sollten sich aber riechen können, das jedenfalls hofften die Leipziger Tierpfleger. Denn in der freien Natur ist der Schneeleopard vom

Aussterben bedroht. Nur noch schätzungsweise sechstausend Tiere streifen in Freiheit durch die asiatischen Hochgebirge, werden von Wilderern und Pelzjägern bedrängt. Eine große Verantwortung lastete also auf Laura und Onegin. Die beiden waren die neuen Hoffnungsträger des Leipziger Zoos – und damit zur Liebe verdammt. Geruch hin oder her.

Nur wenige Tage nach Onegins Ankunft im Leipziger Zoo durften die beiden sich zum ersten Mal durch ein Gitter beschnüffeln. Zwar war Onegin tatsächlich ein stattlicher Kater, und er hatte ein wunderschö-

nes graues dichtes Fell, auf dem die schwarzen Schneeleoparden-Flecken wie von Künstlerhand getupft aussahen. Doch dieser merkwürdige Geruch war von Nahem noch penetranter. Laura konnte sich ein Fauchen nicht verkneifen. Und Onegin? Fauchte zurück.

Was die Pfleger aus dieser Begegnung lernten: Dies war keine Liebe auf den ersten Blick. Auch weitere behutsame Versuche, die beiden füreinander zu gewinnen, scheiterten. Laura und Onegin konnten sich einfach nicht riechen.

Doch so leicht gab Tierpfleger Jörg nicht auf. Er setzte in den nun folgenden Monaten alles daran, die beiden füreinander Bestimmten füreinander zu bestimmen. Aber das tägliche gegenseitige Beschnüffeln am Gitter endete jedes Mal mit einem Fauchkonzert. Gute Worte halfen auch nichts. Und die beiden einfach zusammen in einen Käfig zu lassen, das schien Jörg angesichts der Tiefe ihrer Abneigung auch nicht angebracht. Solch ein erzwungenes Rendezvous könnte – im schlimmsten Fall – tödlich enden.

Und so bediente sich Jörg eines Tricks: Wenn es wirklich nur am Geruch lag, dann müssten die beiden einfach regelmäßig ihre Wohnungen tauschen. Auf diese Weise würden sich Kater und Katze schon an den Geruch des anderen gewöhnen. Aromatherapie für Schneeleoparden sozusagen. Also mussten Laura und Onegin in regelmäßigen Abständen umziehen. Sie in seinen, er in ihren Käfig. Angeekelt rümpften sie jedes Mal die Nasen, wenn sie die andere Seite betraten – Liebe geht eben nicht nur durch den Magen.

Jörg blieb dennoch hartnäckig. Und tatsächlich schien die gegenseitige Abneigung mit der Zeit zu schwinden. Als Laura im Frühling ihre fruchtbaren Tage hatte, da hoffte Jörg auf die Macht der Leidenschaft und wagte ein erstes Stelldichein. Die Tierpfleger bewaffneten sich mit Wasserschläuchen, um die beiden im Ernstfall auseinanderzubringen. Dann wurde der Schieber zwischen den Gehegen hochgezogen.

Es passierte – erst einmal gar nichts. Laura blieb in ihrer Ecke und starrte gelangweilt Löcher in die Luft. Auch Onegin tat völlig unbeteiligt. Doch nach zehn Minuten siegten Neugier und Begehren und Onegin schlenderte fast beiläufig in Lauras Richtung. Natürlich tat er erst einmal, als würde er sie gar nicht sehen. Die Schneeleopardin fixierte ihn mit ihren Mandelaugen. Der entscheidende Moment war gekommen. Die Pfleger hatten die Wasserschläuche schon in der Hand. Onegin trat noch einen Schritt auf Laura zu. Nase an Nase standen die beiden voreinander. Fast berührten sich ihre Barthaare. Zwei Körper, gespannt wie Flitzebögen. Ob Onegin jetzt anders, vielleicht männlicher, roch, so ohne Gitter zwischen den beiden? Laura jedenfalls fauchte nicht, sondern schritt erhobenen Hauptes an dem Kater vorbei, sprang elegant auf ein an der Wand befestigtes Brett und schaute von oben auf ihn herab. Onegin schien entflammt. Wie ein Macho ging er im Gehege auf und ab, scharrte hier, markierte dort und warf ab und an einen liebäugelnden Blick nach oben.

Doch dieses Pascha-Gehabe behagte Laura offensichtlich gar nicht. Als Onegin auf seiner Angeber-Runde durchs Gehege zu nah an ihrem Sitzplatz in luftiger Höhe vorbeikam, da hatte sie genug. Knurrend schlug sie mit der Tatze nach ihm und Onegin rettete sich mit einem Riesensatz in die hinterste Ecke des Geheges. Nun hatte die Schneeleopardin Zeit, sich den für sie Auserwählten genauer anzuschauen. Stark, muskulös und geschmeidig war er ja. Aber mit den Manieren, da haperte es ganz gewaltig.

Nach einigen Wochen schienen Kater und Katze sich allmählich aneinander zu gewöhnen. Manchmal sah man sie sogar gemeinsam auf dem
Baum in ihrem Gehege liegen und träumen – vielleicht voneinander.
Zwar fauchte Laura noch immer, wenn Onegin ihr zu nahe kam. Doch
wenn man genau hinhörte, dann klang das fast wie ein Fauch von
Zärtlichkeit. Es kehrte Ruhe ein und Laura und Onegin wurden nicht
mehr auf Schritt und Tritt beobachtet. Sie haben seither sicher nicht nur
zärtlich gefaucht. Vor wenigen Tagen ist ein gesundes Schneeleopar-

den-Baby auf die Welt gekommen, sechshundert Gramm schwer. Der ganze Stolz von Laura, Onegin – und ihrem Tierpfleger Jörg. Ein wahrer Schatz für die bedrohte Tierart. Wenn das Junge einmal erwachsen ist, wird es in die weite Welt ziehen und in einem anderen Zoo eine eigene Familie gründen. Doch das hat noch Zeit. Vorerst muss der kleine Schneeleopard groß werden. Und Manieren lernen. Um eines Tages, anders als sein Vater, die Dame seiner Wahl gleich auf den ersten Blick zu verzaubern.

Die Waschstraße der Putzerfische

Schon von Weitem leuchten sie wie Reklameschilder einer Auto-Waschanlage. Mit flatterigen Bewegungen werben sie für ihren Polier-Service. Die beiden kleinen Putzerfische des Ringbeckens haben ihre Waschstation direkt an der Durchgangsstraße vom Leipziger Riff ins Freiwasser installiert – also am profitabelsten Ort des ganzen Beckens. Da schwimmt ein riesiger Zackenbarsch aus dem Freiwasser an die Putzstation heran. Ein Raubfisch. Sofort möchte man wild gegen die Scheibe des Aquariums klopfen, die beiden neonblaugestreiften Fische warnen, schützende Hände über sie halten. Denn das, was da näher kommt, ist ungefähr hundert Mal so groß wie die kleinen leuchtenden Reklameschilder, hat lange Reihen scharfer Zähne im Gesicht und verspeist mit Vorliebe Fische vom Format der Putzerfische. Sie sind, was die Größe angeht, ein idealer Snack für zwischendurch.

Kurz bevor der Barsch die Station der beiden erreicht hat, sperrt er sein riesiges Maul auf. Entblößt bissige Zähne. Seine blauen Glupschaugen schauen gierig. Dann rudern seine Flossen leicht rückwärts. Stetig verringert er sein Tempo, kommt direkt vor den kleinen Werbefahnen zum Stehen. Und was machen die beiden? Ohne zu zögern stürzen sie sich in die Rachenhöhle des Barsches. Sind sie etwa lebensmüde? Das war's dann für die beiden, denkt der Betrachter mitleidig und möchte sich abwenden, doch eine seltsame Faszination hat ihn gepackt – er muss dem unvermeidlichen Todesspiel zusehen. Wissen die beiden Putzerfische, was sie tun? Haben sie das Dasein im Ringbecken so satt?

Nein, satt sind die beiden keinesfalls. Das, was sie in den Rachen des Räubers treibt, ist ja gerade ihr leerer Magen. Und der Barsch ist für sie kein Raubfisch – sondern ein Kunde.

Kunde Barsch hat nämlich Plaque auf den Zähnen und Parasiten jucken in den Kiemen. Äußerst unangenehm für den Barsch, für die beiden Putzerfische aber ein wahres Festmahl, an dem sie sich gerne laben. Das stinkende und ungepflegte Barschmaul – für die Putzerfische ein kulinarischer Hochgenuss. Und so machen sich die beiden eifrig ans Werk. Entfernen hier mit Begeisterung Zahnbelag, verspeisen dort einen Parasiten und arbeiten sich so, langsam und gründlich, zu den Kiemen vor. Der verdutzte Zuschauer meint den Barsch wohlig seufzen zu hören. Dann sieht er, wie der Raubfisch seine Kiemen abspreizt und die Putzerfische durch diese nun offenen Tore mal aus dem Kopf des Barsches heraus, mal in denselben hinein ihren Großputz machen: Sie scheuern und schrubben, bürsten und polieren. Ganz nebenbei stauben sie auch noch etwas ab: Viel besser als alle Parasiten schmeckt dem Putzerfisch nämlich der Schleim auf der Haut der Auf-

Putzerlippfisch

Verwandtschaft Lippfische

Heimat Im tropischen Indopazifik

Nahrung Parasiten und abgestorbene Hautfetzen

Besonderheiten Putzerlippfische unterhalten Putzerstationen, zu denen andere Fische kommen, um sich von Parasiten und abgestorbener Haut säubern zu lassen.

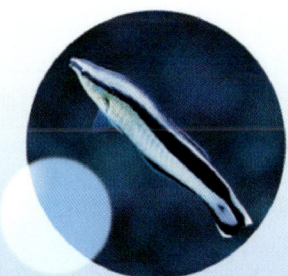

traggeber. Der ist eigentlich aus dem Putzauftrag strikt ausgeklammert. Doch wie in so mancher Werkstatt wird auch hier ein wenig Schmu gemacht. Unerlaubterweise kosten die kleinen Putzfetischisten dann schon mal von dem verbotenen köstlichen Fischschleim.

Kunde Barsch nimmt's gelassen – die kostenlose Reinigung tut so gut, dass er jeden Tag aufs Neue die Waschstraße der Putzerfische aufsucht. Manchmal muss er sich sogar in der Fisch-Warteschlange anstellen, denn die beiden Putzerfische haben viel zu tun: Rochen, Muränen und selbst der große Hai nehmen den Service der beiden gern in Anspruch. Dann stehen sie alle hintereinander – Rochenschwanz an Hainase – und warten geduldig, bis sie an der Reihe sind. In der Waschstraße ist Fressen und Gefressenwerden tabu. Putzen für den Frieden, heißt hier die Devise. Nur einer kann das harmonische Treiben jetzt stören: der Konkurrent der Putzerfische. Ein sinistrer Zeitgenosse, der genauso unangenehm ist, wie sein Name klingt: der Säbelzahnschleimfisch. Rein äußerlich unterscheidet er sich kaum von den eifrigen Putzerfischen – auch seine Arbeitskleidung sind neonblau gestreifte Schuppen. Doch außer dem täuschend echten Aussehen haben Putzerfisch und Säbelzahnschleim-

fisch nichts, aber auch gar nichts gemeinsam. Ganz im Gegenteil, der Säbelzahnschleimfisch nutzt den guten Ruf der Putzerfische für seine eigenen Zwecke: Sobald potentielle Kunden in Erwartung einer wohltuenden Reinigung ihr Maul aufsperren, schwimmt er hinein und reißt mit seinen messerscharfen Zähnen blitzschnell ganze Hautstücke heraus. Äußerst schmerzhaft für die Kunden, die das nächste Mal mit großer Sicherheit eine andere Waschstraße anschwimmen werden. Der Säbelzahnschleimfisch ist äußerst rufschädigend für die Putzerfische.

Deshalb achten Putzerfische besonders darauf, mit wem sie zusammenarbeiten. In der Regel bilden sie Zweierteams, gegenseitiges Vertrauen ist Ehrensache. Andere Fische, die sich für Putzerfische ausgeben oder tatsächlich welche sind, werden vertrieben. Denn Putzerfische wissen: Nur zufriedene Kunden kommen wieder.

Zum Glück hatten die Leipziger Tierpfleger den Säbelzahnschleimfisch nicht auf ihrer Einkaufsliste, als sie das Ringbecken bestückten. Die beiden Putzerfische konnten sich so ein florierendes Gewerbe aufbauen: eine Waschstraße, in der optimaler Service und zuvorkommende Kundenbetreuung noch ganz groß geschrieben werden.

V-Mann Pfau

Was macht einen Pfau-Mann aus? Auffällig ist er, mit seinem bunten Federkleid, dem Rad, das er immer wieder gerne schlägt, den vielen Augen, die seinen Federschweif zieren. Eigentlich keine guten Voraussetzungen für einen V-Mann, also einen verdeckten Ermittler. Doch der Pfau-Mann des Leipziger Zoos muss ein V-Mann sein. Warum sonst treibt er sich im ganzen Zoo herum, spioniert in allen Gehegen? Am Hunger kann's nicht liegen, oder ernährt sich ein Pfau etwa von Heringen?

Diese Vermutung liegt zunächst nahe, wenn man sich die ›Operation Pinguin‹ anschaut. Auffällig unauffällig schleust sich der Pfau-Mann von Zeit zu Zeit ins Pinguin-Gehege ein. Wie er hineinkommt, niemand weiß es. In wessen Auftrag er arbeitet, ein Geheimnis.

Auf einmal ist er da. Zwischen fünfzehn kleinen südafrikanischen Frackträgern steht er auf der Anlage und spielt den Unbeteiligten. Den Bewohnern gefällt dieser komische Vogel da gar nicht. Zu bunt, zu groß, zu gefiedert für ihren Geschmack. Und dann dieser prachtvolle Schweif. Da könnte bei den kleinen Pinguinen schon ein gehöriger Schwanzneid aufkommen. Wenn der Pfau-Mann dann noch sein Rad schlägt, fühlen sie sich beobachtet. Mit hunderten von Augen starrt sie jemand an, der viel schöner, bunter und schillernder ist als sie. Und dann werden sie sauer.

Einer der Pinguine, wahrscheinlich der Mutigste, wird dann vorgeschickt. Pirscht sich von hinten an diesen Fremdling heran. Wartet, bis das Rad sich wieder zusammengefaltet und abgesenkt hat. Und dann geht's los: Couragiert watschelt er die letzten Schritte nach vorne. Nimmt noch einmal richtig Anlauf und hackt dem Pfau mit seinem scharfen Schnabel beherzt in die Schwanzfedern. Der sportliche Anreiz besteht darin, dem Gockel eine davon zu entreißen. Sozusagen als Trophäe. Wem dies gelingt, der läuft, naja, watschelt hocherhobenen Pinguinhauptes über die Anlage, im Schnabel eine bunte Pfauenfeder. Wollen sich die Pinguine etwa mit fremden Federn schmücken? Nein. Es geht ihnen auch nicht darum, ihren Hering zu verteidigen. Sie wollen einen Horcher vertreiben, einen Späher, einen, der einfach nicht hierher gehört. Auch, wenn er sich größte Mühe gibt, so zu tun, als ob.

Dermaßen enttarnt sucht der Pfau dann meistens das Weite. Stolziert durch den Zoo, als wäre nichts gewesen. Und nimmt Kurs auf das Erdmännchengehege. Auf Umwegen. Denn der direkte Pfad würde ihn an der Tigeranlage vorbeiführen. Bei den Tigern jedoch hat der Pfau-Mann ein mulmiges Gefühl: In Indien, dort, wo der Pfau eigentlich herkommt, stehen die eitlen Vögel ganz oben auf dem Speiseplan der Raubtiere. Bei ihnen macht wahrlich kein Pfau-Mann gern den Lockvogel.

Blauer Pfau

Verwandtschaft Hühnervögel

Heimat Wassernahe Gebiete in Pakistan, Indien und Sri Lanka

Nahrung Insekten, kleine Kriechtiere [z. B. junge Kobras] und kleinere Säugetiere, Beeren, Steinfrüchte, Feigen und Pflanzen

Besonderheiten Pfauen gelten als die ältesten Ziervögel der Menschen. Doch sie sind in Indien nicht nur wegen ihrer Schönheit beliebt, sondern auch, weil sie junge Kobras fressen und die Menschen mit lautem Rufen vor nahenden Raubtieren warnen.

Also nimmt er die Route über Afrika, an den Straußen vorbei. Die stecken die Köpfe in den Sand und lassen den V-Mann unbehelligt passieren. Der kommt dann hinten bei den Erdmännchen raus. Elegant fliegt er über die Absperrung, landet direkt in dem kleinen Königsstaat. Doch die Erdmännchen sind wachsam, haben immer einen Mann auf dem Ausguck. Der pfeift auch gleich alle zusammen: Feindliches Flug-Objekt im Staate Erdmännchen gesichtet. Ein kurzer Kriegsrat hinter einem Macchiastrauch, dann sind sich die Erdmännchen über ihre Taktik einig: Angriff ist die beste Verteidigung. Noch bevor der Pfau sein obligatorisches Rad schlagen kann, wird er von allen Seiten gezwackt. Verdeckte Ermittlungen sind hier kaum möglich, zu schnell durchlöchern die kleinen spitzen Raubtierzähne das Prunkkleid des Eindringlings.

Schwer getroffen beschließt der Pfau-Mann seinen Rückzug. Geordnet, versteht sich, nur nicht die Contenance verlieren, das gebietet ihm sein Stolz. Was auch immer sein Auftrag ist, wer auch immer seine Auftraggeber sind, hier sind keine Informationen zu holen. Dazu sind die Königstreuen einfach zu angriffslustig. Und was den Pfau noch mehr ärgert: Die kleinen Beißer halten nach einer solchen Schlacht wahre Triumphmärsche ab. Die Schwänze nach oben gereckt paradieren sie durch das Gehege und feiern ihren Sieg. Dass ein Pfauenhinterteil gegenüber ihren Stummeln wesentlich attraktiver ist, beeindruckt sie gar nicht. Was ist schon ein einzelner langer Schweif gegen die Schlagkraft eines ganzen Königreichs?

Die Liste der misslungenen verdeckten Ermittlungsversuche des Pfau-Mannes ließe sich endlos fortführen. Denn, seltsam: Die ganze Zoo-Gemeinde zeigt sich merkwürdig verschlossen, ja geradezu aggressiv dem Pfau gegenüber.

Deswegen macht er manchmal rüber. Über die Mauer des Zoos. Um mal unter Menschen zu kommen. Wenn er Glück hat, dann trifft er sogar auf einen Amtskollegen: einen Polizisten. Dass der nur dazu abgestellt wurde, ihn zu bewachen, bis ein Tierpfleger mit einer Kiste kommt und ihn wieder einfängt, kümmert den Pfau wenig. So ein Treffen mit einem Kollegen gehört zu den absoluten Highlights eines V-Mannes. Stundenlang könnte er mit ihm Agentenlatein spinnen. Aber dann taucht immer Tierpfleger Freddy Kuschel auf, mischt sich ungefragt in das Expertengespräch ein, packt den Vogel und sperrt ihn in eine dunkle Kiste. Agenten sind es gewohnt, nicht mit Samthandschuhen angefasst zu werden. Aber derartige Methoden sind auch für einen Pfau-Mann hart.

Einmal bei einem solchen Ausflug landete der Pfau-Mann in einem Wohngebiet auf einem Balkon. Was es dort wohl zu ermitteln gab? Wieder kam kurze Zeit später Freddy mit der unvermeidlichen Kiste. Der Pfau-Mann versuchte noch, ihn aufs Glatteis zu führen, indem er urplötzlich in die Schockmauser geriet. Bei Pfauen heißt das, dass sie in Gefahrenmomenten ihren prachtvollen Federschweif abwerfen, um ungehindert entfleuchen zu können. Vielleicht dachte der Pfau-Mann, dass er so seine Identität wechseln und inkognito verschwinden könnte. Aber Freddy kennt die Tricks, ließ sich nicht täuschen. Er fasste beherzt den Pfau-Mann und verstaute ihn in der Kiste. Nackt ging es zurück in den Zoo.

Da hockt er nun und wartet, dass die prachtvollen Schwanzfedern nachwachsen. Bis es so weit ist, werden Pinguine, Erdmännchen und alle anderen Zootiere rätseln, was der Pfau-Mann sich nun wieder hat einfallen lassen, um als V-Mann unentdeckt zu bleiben.

Elefantenkuh Hoa – ein Schritt vor, zwei zurück

Hätte Voi Nam nicht aus vollem Rohr geschrien, würde seine Tante Hoa noch stundenlang so hängen – zwischen Himmel und Erde, alle vier Beine in der Luft, ausgehebelt von den eigenen Artgenossen. Als Michael Tempelhoff und seine Kollegen durch das Gebrüll des kleinen Jungbullen angelockt werden, bietet sich ihnen ein bizarres Schauspiel. Links stemmt Elefantenbulle Mekong seine Stoßzähne in Hoas Seite, rechts hält Don Chung dagegen. Beide sind so kräftig, dass sie die nicht gerade zierliche Hoa locker anheben. Die lässt alles mucksmäuschenstill über sich ergehen. Keine Überraschung, schließlich ist Hoa die rangniedrigste der Leipziger Dickhäuter und damit häufig Zielscheibe solcher Attacken.

Dabei ist Hoa eigentlich eine stattliche und respektable Elefantendame: Sie hat eine kräftige Statur, ein nach Elefantenmaßstäben apartes Gesicht und trägt einen wunderschönen Namen. Aus dem Vietnamesischen übersetzt bedeutet er ›die Blume‹. Doch Hoa macht aus all dem wenig, sie ist ein schlafender Riese. Kräftemäßig könnte sie die anderen Kühe locker in die Tasche stecken, aber sie hält sich möglichst fern von jedem Trubel.

Seit fast zwanzig Jahren lebt sie in Leipzig. Per Schiff kam die damals Zweijährige über Rostock aus dem Zoo Saigon. Über ihre ersten beiden Lebensjahre ist nichts bekannt. Die Tierpfleger vermuten allerdings, dass sie aus einem Camp stammt, in dem Elefanten für die Arbeit im Wald abgerichtet werden. Dort wurde sie vermutlich viel zu früh von der Mutter getrennt, zumindest ein Grund für ihr mangelndes Selbstbewusstsein.

Als Hoa dann auf den Leipziger Dickhäuter-Clan traf, zeichnete sich schnell ab: Das würde eine harte Zeit für sie werden. Sie musste sich wie alle Neuankömmlinge hinten anstellen. Nach Rhani, Don Chung und Trinh war sie nur die vierte Kuh im Bunde. Und besonders Rhani, die Älteste, piesackte Hoa, wo es nur ging. Eigentlich hätte sie sich wehren und nach vorne kämpfen müssen, aber mit Hoas Ehrgeiz war es nicht so weit her. Die Rote Laterne lebenslang schien ihr nichts auszumachen.

Inzwischen treiben Don Chung und Trinh ein neues Spielchen mit Hoa. Unablässig jagen die beiden sie um den Baum – immer rechtsherum. Es scheint, als würden die zwei Schwergewichte eher tot umfallen als von der Verfolgung ablassen. Aber plötzlich bleibt Don Chung wie vom Schlag gerührt stehen, macht auf dem Absatz kehrt und kommt

Hoa gemeinerweise von der anderen Seite entgegen. Und wieder wird Hoa rumgeschubst.

Was Hoa nicht an Selbstbewusstsein und Durchsetzungskraft hat, das hat sie an Bauernschläue. Im Widerspruch zu jedem zoologischen Lehrbuch ist sie als rangniedrigstes Tier ausgesprochen gut genährt, ja, ihre Pfleger behaupten gar, sie sei verfressen. Normalerweise ist die Letzte der Rangfolge auch die Letzte an der Futterausgabe. Aber Hoa nutzt einen Moment, in dem die anderen unaufmerksam sind: Immer wenn die sich gegenseitig das Futter streitig machen, schlägt sie zu. Wickelt einen großen Haufen Heu mit ihrem Rüssel ein und schafft ihn beiseite. Da wird sich gar nicht lange mit Fressen aufgehalten: der Fang muss zuerst gebunkert werden. Anschließend geht's auf erneuten Beutezug. Wieder werden große Portionen in Sicherheit gebracht. Und irgendwo auf dem riesigen Elefantenareal häuft sich Heuhaufen auf Heuhaufen – Hoas Heuhaufen. Den verspeist sie dann, etwas abseits der anderen, genüsslich und in aller Ruhe. Die anderen mögen zwar sticheln und schubsen, aber beim Futter sahnt Hoa kräftig ab. Lieber sich einen kurzen Moment zum Gespött machen als einen Tag hungern.

Schon wieder ist Hoa in die Enge getrieben. Diesmal vor dem großen Badebecken im Elefantentempel. Niemand würde annehmen, dass man ihren massigen Körper so einfach zum Straucheln bringen könnte. So einfach ist es auch nicht. Zumindest nicht für einen Elefanten. Da müssen schon zwei her: Don Chung und Trinh scheinen sich abgesprochen zu haben. Ein kurzer Anlauf ... und plötzlich geht Hoa baden. Wenn die beiden Älteren sie nun wenigstens wieder rausließen. Aber nein, wie eine Mauer stehen sie am Beckenrand und wehren jeden Versuch

Hoas ab, wieder festen Boden unter die Füße zu bekommen. Sehr zum Amüsement der zahlreichen Besucher, die das alles für einen großen Spaß halten.

Aber Hoa wäre nicht Hoa, wenn sie nicht einen Weg gefunden hätte, mit all den Demütigungen und Widrigkeiten umzugehen: Hoa verweigert. Wie ein Springpferd vor einem zu hohen Hindernis. Sehr zum Leidwesen ihrer Tierpfleger. Hoa scheut alles Fremde: unbekannte Wege, neue Türen und Schieber. Durch die geht sie einfach nicht. Kein gutes Wort, kein Leckerli – nichts kann sie bewegen, die neuen Wege zu beschreiten. Sie tut's einfach nicht. Und in Leipzig wird sie auch nicht dazu gezwungen. Der Charakter jedes Elefanten wird respektiert und bei der Arbeit mit ihm berücksichtigt. Um bei Hoa etwas zu erreichen, braucht man Zeit, unendliche Geduld und größtmögliche Langmut.

Besonders während des Umbaus der alten Elefantenanlage, als Hoa in einen anderen Stall umziehen sollte, waren diese Tugenden gefragt. Hoa wollte in ihre Übergangsbleibe einfach nicht rein. Um aber ihren guten Willen zu demonstrieren, ging sie zumindest mal gucken. Sieben lange Wochen setzte sie Tag für Tag zögerlich ihre Vorderbeine über die Türschwelle. Der Rest allerdings blieb draußen. So blockierte ihr prominentes Hinterteil den Schieber, die Tür war nicht zu schließen. Irgendwann in der achten Woche, als niemand mehr damit rechnete, drehte sie sich plötzlich um und ging rückwärts in den neuen Stall.

In letzter Zeit ist das Leben für Hoa etwas angenehmer geworden. Rhani, die Herdenoma, die, die in früheren Jahren keine Demütigung Hoas ausließ, hat offenbar eine gewisse Zuneigung zu ihr entdeckt. Vielleicht liegt es daran, dass Rhani alt und vielleicht auch ein bisschen altersweise geworden ist. Jedenfalls hat sie alle Schikanen gegen die

Jüngere abrupt eingestellt. Schließlich steht Hoa umgekehrt der greisen Rhani immer wieder bei. Wenn Rhani zur Untersuchung in die Box muss, dann geht auch Hoa in die Box. Man könnte meinen, sie wolle als eine Art Krankenschwester zu spätem Ansehen in der Damengruppe gelangen. Es gibt nur ein Problem: Hoa ist öfter mal unpässlich, kann ihrer neuen Aufgabe dann nicht nachkommen. Zumeist hängt sie dann gerade mit allen vieren in der Luft oder wird um irgendeinen Baum gejagt.

Ein Röhrenaal reist nicht – er wohnt!

Unaufhaltsam streben sechs schwarz-weiß getupfte Striche im Wasser dem Boden des Tropenbeckens entgegen. Erst vor wenigen Sekunden hat Heiko Schäfer, ihr Pfleger, die Röhrenaale aus dem Transportbehälter befreit und ihrem künftigen Zuhause übergeben. Das Becken des Leipziger Aquariums hat alles, was sie sich wünschen: festen Boden um die Flossen.

Wie von magischer Hand gesteuert, nehmen die Röhrenaale den kürzesten Weg zum sandigen Grund. Nur ja keinen Umweg, keinen Millimeter nach rechts oder links vom Weg abweichen. Im offenen Wasser haben die Tiere gegen Brassen, Schnapper oder Barrakudas keine Chance. Schnell, kurz vor dem rettenden Grund, noch eine geschmeidige Wende. Und schon beginnt der spitze, verhärtete Schwanz ein Loch in den weichen Sandboden des Aquariums zu bohren. Präzise wie Schweizer Tunnelbauer graben die Aale Röhren in den Boden. Mit einer

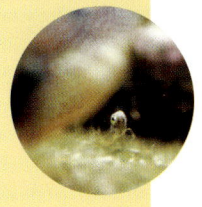

Drüse, die wie eine Betonspritze funktioniert, verputzen sie gleichzeitig die äußerst einsturzgefährdete Röhre mit einem Sekret, schützen sie so vor Wassereinbruch.

In Windeseile ist die neue Heimat gebaut, eingerichtet und bezogen. Die Aale sind in Sicherheit, fest verwurzelt im Leipziger Boden. Keine Brasse, kein Schnapper und auch kein Barrakuda kann ihnen mehr etwas zu Leide tun. Hier werden die sechs ihr Leben verbringen, Kinder kriegen und sterben. Nur eins werden sie nie wieder tun: eine andere Röhre bauen.

Wenn es um Konstanz geht im Leben, um Zuverlässigkeit und um Beständigkeit – der Röhrenaal ist ein einzigartiges Vorbild. Ein Leben lang bleibt das Tier in seiner Einzimmerwohnung, stets seiner Scholle treu. Keine noch so appetitliche Garnele kann es aus seiner Behausung locken. Kein noch so attraktives Weibchen bringt es aus dem Häuschen. Und keine Unterwasser-Landschaft ist so reizvoll, kein Fernweh so stark, dass ein Röhrenaal die Koffer packte und auf Wanderschaft ginge. Ein Röhrenaal reist eben nicht – er wohnt.

Nach einer halben Stunde werden die Neuankömmlinge mutig und recken ihre schlanken Köpfe in die Höhe, um ein erstes Mal über den Röhrenrand hinauszublicken. Und um festzustellen, dass sie unter sich sind. Sechs Aale allein zu Haus, weit und breit keine Artgenossen. Normalerweise leben sie in Kolonien von mehreren tausend Tieren in den tropisch warmen Gewässern des Atlantiks, Pazifiks oder Indischen Ozeans. Dort schwanken sie dicht an dicht wie wogendes Seegras in der Strömung – immer bereit für einen vorbeischwimmenden Leckerbissen. Denn ein Röhrenaal sucht kein Futter – das Futter findet ihn. Mit der Strömung kommen Garnelen und mikroskopisch kleine Tier-

chen getrieben und schwimmen dem Aal direkt ins Maul – wie im Paradies. Das funktioniert auch in Leipzig. Nur dass hier eine Maschine die Strömung erzeugt und die Beutetiere von Tierpfleger Heiko ins Wasser gesetzt werden.

Noch ist Heiko für die Aale ein Unbekannter. Er ist größer als sie, er nähert sich von oben oder von der Seite – all das lässt auf einen Fressfeind schließen. Wenn sich eine Gefahr ankündigt, dann zieht der erste Röhrenaal an der äußersten Peripherie der Ansiedlung ganz schnell seinen Kopf in den Sand. Der nächste nimmt die Bewegung wahr und tut es ihm gleich. Während der erste schon wieder seine Nase vorsichtig in die Strömung steckt, taucht Aal Nummer drei ab und so fort. Wie La Ola in einem Fußballstadion zieht sich das Auf und Nieder der Leiber durch die Aalgemeinde. In Leipzig funktioniert das nur bedingt. Zum einen weil die Gemeinde sehr klein ist, zum anderen weil es keine natürlichen Feinde gibt. Der größte Räuber im Revier ist ein Clownfisch. Und Nemo ist wie im Film ein freundlicher Geselle. Den nehmen selbst die scheuen Röhrenbewohner nicht als wirklichen Fressfeind ernst.

So stehen in dem Tropenbecken sechs unscheinbare Fische in der künstlichen Strömung, recken und strecken sich nach den vorbeihuschenden Leckerbissen und werden von den Besuchern nur am Rande wahrgenommen. Alle bestaunen nur die Filmprominenz, den Clown-

fisch. Dabei haben die Aale ein Geheimnis, das selbst die modernste Forschung noch nicht lüften konnte: das Geheimnis ihrer Fortpflanzung. Wie entstehen neue Röhrenaale, wenn niemand einen Schritt auf den anderen zu macht? Nur vom Gucken allein sind noch keine Nachkommen gezeugt worden.

Niemals ist ein Röhrenaal bei der Liebe beobachtet worden. Nie sind zwei Aale gleichzeitig in einer Röhre gesehen worden. Die Forscher gehen jedoch davon aus, dass sich die Tiere durch Umarmung vermehren. Ja, richtig gelesen: durch Umarmung!

Doch wer umarmt eigentlich wen? Schaut man von oben auf die Röhrensysteme der Leipziger Aale, stellt man fest, dass Männchen und Weibchen in Zweiergruppen Röhre an Röhre zusammen stehen – immer ein Männchen und ein Weibchen. Hier muss es also mit dem Nachbarn klappen. Das nächste Männchen folgt erst in ein paar Zentimetern Abstand. Es gibt also theoretisch eine Wahlmöglichkeit. Doch dazu müsste zumindest ein Aal seine Röhre verlassen. Die Experten schließen dies aus. Zwar drohen die Aalmänner mit weit aufgerissenem Maul ihren Nebenbuhlern. Nur, womit drohen sie? Dass sie aus ihrer Höhle kommen und den Rivalen beißen oder verprügeln?

Niemand kann sagen, ob die Röhrenaale nicht nachts harte Kämpfe ausfechten. Oder gar von Röhrchen zu Röhrchen ziehen und sich vielfältig amüsieren. Heiko, ihr Pfleger, hat jedenfalls noch nicht nachgeschaut.

Effie – eine Gorilladame fordert Gleichberechtigung

Wie macht frau sich einen Mann gefügig? Noch dazu, wenn sie eine Gorilladame unter vielen ist? Die Ex-Berlinerin Effie weiß es: Mit kleinen Freundlichkeiten lässt sich das Herz so manchen Mannes mühelos erobern. Man könnte es auch Einschleimen nennen. Aber Gorilladame Effie würde wahrscheinlich lieber von entgegenkommendem Verhalten sprechen.

Konkret sieht das so aus: Sechs Weibchen buhlen um die Gunst von Ivo, dem Oberhaupt des Berliner Gorillaclans. Sie streiten und beißen, sie schlagen zu und vertragen sich wieder. Und wozu das alles? Ganz einfach: Je größer die Beliebtheit beim Chef, desto höher auch die Stellung innerhalb der Gruppe, desto mehr Futter, desto weniger Ärger – kurz: desto sorgloser das Leben.

Effie hat das Problem mit dem ständigen Gerangel innerhalb der Berliner Gorilla-Truppe für sich folgendermaßen gelöst: Sie machte ihre Affenhände gar nicht erst schmutzig an den anderen Damen. Das musste sie auch nicht, denn Ivo liebte und beschützte sie für etwas ganz anderes: Effie war immer für ihn da, umgarnte ihn mit ihrem ganzen Charme und hielt die Gifteleien der anderen Gorilladamen von ihm fern. Wenn Ivo gegen ranghohe Damen vorging, dann feuerte Effie ihn an. Sie war die ganze Zeit in seiner Nähe, ihm blieb keine Minute, anderen Gorillaweibchen gegenüber freundlich zu sein. So wurde Effie im Lauf der Zeit zu seiner Lieblingsfrau. Sehr zum Leidwesen der anderen Gorilladamen des Clans, die Effie ihre privilegierte Position neideten. Effie war durch ihre Schmeicheleien Ivos Günstling und somit unangreifbar geworden. Alles lief vorzüglich für sie – bis auf das eine: Mit dem Nachwuchs wollte es nicht klappen. Und das, obwohl sie schon seit fünf Jahren im geschlechtsreifen Alter war.

Wenige Tage nach ihrem dreizehnten Geburtstag sollte Effie deswegen nach Leipzig umziehen, um mit dem dortigen Chef Gorgo eine neue Familie zu gründen. Doch irgendwie sollte das nicht ihr Glücksjahr werden. Als Effie Ende März von Berlin nach Leipzig reiste, um endlich Mutter zu werden, rechnete niemand damit, dass der Umzug ein so grobes, so herzloses, so – ja, man muss es einfach sagen – brutales Ende nehmen würde.

In ihrem neuen Zuhause sollte Effie schon bald die Leipziger Gorillatruppe kennen lernen: die sanftmütige Bebe, die draufgängerische N'Diki, die miesepetrige Viringika mit ihrer eineinhalbjährigen Tochter

Westlicher Flachlandgorilla

Verwandtschaft Menschenaffen

Heimat Urwälder Westafrikas von Nigeria bis Zaire

Nahrung Blattreiches Grün, Wurzeln, Zweige, wenig Früchte, Insekten

Besonderheiten Gorillas sind sehr soziale Tiere und bilden einen Familienverbund, der von einem dominanten Männchen angeführt wird. Aufgrund seiner silbrig-weißen Rückenpartie wird er ›Silberrücken‹ genannt.

Kibara – und natürlich den Chef der Truppe, den stattlichen Gorillamann Gorgo. Zwar gelten Gorillas als überaus friedlich untereinander,
doch wenn ein Fremder unter Zoobedingungen – also ohne größere
Fluchtmöglichkeiten – in eine bestehende Gruppe kommt, birgt das
Zündstoff. Da kann es schon mal zu heftigen Auseinandersetzungen
kommen. Und ob Effies Schmeicheltaktik bei Gorgo auf fruchtbaren
Boden fallen würde, das vermochte niemand vorherzusagen. Schon der
erste Blickkontakt von Effie und Gorgo lief nicht gut. Durch ein Sichtgitter polterte der Gorillachef gegen die Neue. Wie sonst bei der Inte-
gration üblich, konnte Effie unter diesen Umständen nicht zuerst direkt
auf den Gorillamann treffen. Tierpfleger Frank Schellhardt entwarf einen
Alternativplan. Der lautete: erst die Frauen, Gorgo zuletzt. So bahnten
die Tierpfleger ein erstes Treffen zwischen Effie und der gutherzigen
Bebe an. Eine sanftmütige Gorilladame, die alles andere als streitlustig ist.
Die sich aus allem raushält, weil Stress einfach nicht ihre Sache ist.

An einem Montag war es so weit: Früh um sieben Uhr wurden die Luken
geöffnet. Die beiden Gorilladamen kletterten aus ihren getrennten Schlaf-
räumen in die Innenanlage des Gorillageheges. Zunächst Bebe, dann
Effie. Vorsichtig, ein wenig misstrauisch, beäugten sich die beiden. Und
dann, als hätten sie sofort einen Nichtangriffspakt vereinbart, verzog sich
jede in eine Ecke des Geheges und machte das, was Gorillas am liebsten
tun: fressen. Für Effie schien zu diesem Zeitpunkt sowieso klar, dass sie
sich mit den Frauen gar nicht groß abgeben wollte. Sie wartete auf
ihren Helden, Gorgo. Der würde wie ihr Berliner Held Ivo den Frauen
schon klarmachen, was für ein Schatz sie war. Wahrscheinlich zweifel-
te Effie nicht daran, dass auch Gorgo das Tauschgeschäft ›Kleine
Gefälligkeiten gegen Schutz innerhalb der Gruppe‹ annehmen würde.

Da musste sie sich mit Bebe gar nicht herumstreiten. Beflügelt von so viel Harmonie zwischen Bebe und Effie gingen die Pfleger einen Schritt weiter: Die draufgängerische N'Diki wurde dazugebeten. Für dieses Treffen bewaffneten die Pfleger sich mit Wasserschläuchen. Denn N'Diki stand ziemlich weit oben in der Rangordnung. Falls Effie ihr diesen Platz streitig machen sollte, würde N'Diki sie mit allen Mitteln in ihre Schranken weisen, so die Befürchtung. Als die Luke hochging, kletterte N'Diki nicht heraus, nein, sie stürzte sich regelrecht auf die Innenanlage. Effie verzog sich vorsichtshalber auf das Klettergerüst. Von dort beobachtete sie die stämmige N'Diki, die ihr da unten mächtig imponierte: N'Diki strotzte vor Kraft, warf herausfordernde Blicke hinauf zu der Neuen. Ab und an rüttelte sie sogar an einem Baumstamm, um zu

zeigen, wie viel Stärke in ihr steckt. Für Effie war jetzt guter Rat teuer. N'Diki machte ihr von Anfang an klar, dass ihr Zusammenleben kein Zuckerschlecken werden würde. Von Bebe konnte Effie sich auch nichts erhoffen, die saß in ihrer Ecke, tat unbeteiligt und fraß. Also blieb auch Effie erst einmal sitzen und wartete ab.

Wo nur blieb Gorgo, ihr Retter und Beschützer, mag sich Effie auf ihrem Baum gefragt haben. Mit ihren Schmeicheleien und seinen kräftigen Armen könnten sie ein unschlagbares Team gegen die ganze Weibertruppe sein.

Aber noch war Effie auf sich selbst gestellt. Als N'Diki das Imponieren aus der Ferne zu langweilig wurde, enterte sie Effies Baum. Und angelte sie herunter. Mit einem Riesengeschrei landeten die beiden auf dem

Boden. Dann verkeilten sie sich ineinander. Sie wurden zu einem Knäuel, das über die Anlage rollte. Die Pfleger wollten gerade ihre Wasserschläuche einsetzen, da ließen die beiden behaarten Damen voneinander ab. Setzten sich in drei Metern Entfernung voneinander hin und warfen sich giftige Blicke zu. So ging das zwei Stunden lang. Anscheinend hatten die beiden festgestellt, dass sie sich körperlich ebenbürtig waren, wollten es nicht auf einen Entscheidungskampf ankommen lassen. Sie beließen es bei einem Remis. Obwohl man den beiden ansehen konnte, dass sie mit einer handfesten Klärung der Machtverhältnisse glücklicher gewesen wären. Von Solidarität unter Frauen keine Spur. Hier kämpft jede für sich.

Frank Schellhardt musste nun entscheiden: War es sinnvoll, die stets missgelaunte Viringika samt Tochter mit hinzuzulassen? Ein nicht ungefährlicher Schritt, denn eine Gorillamutter verteidigt ihr Kind erbittert und kämpft um die Gunst des Gorillamannes, der schließlich der Vater des Kindes ist. Zu riskant, entschied der Tierpfleger und beschloss, als Nächstes ein Rendezvous mit dem Chef der Truppe selbst anzubahnen: mit Gorgo, dem fünfundzwanzigjährigen Gorillamann, der nicht gerade als zimperlich gilt. Davon wusste Effie nichts. Niemand hatte ihr gesagt, dass Gorgo bis jetzt jedes neue Weibchen erst einmal kräftig in die Mangel genommen hatte. Selbst wenn es ihr zu Ohren gekommen wäre, hätte sie alle Warnungen wahrscheinlich in den Wind geschlagen – schließlich war auch Ivo in Berlin eine harte Nuss gewesen, doch mit aufmerksamen Liebesgaben hatte sie ihn letztendlich geknackt.

Effie spürte eines Morgens, dass irgendetwas anders war als sonst. Als ihre Luke hochgezogen wurde, beschloss sie, den Schlafraum vorsichtshalber gar nicht erst zu verlassen. Vielleicht hatte sie bemerkt, dass die

Pfleger sich schon wieder mit Wasserschläuchen bewaffnet hatten. Vielleicht roch sie den Zorn Gorgos. Vielleicht ahnte sie, was da auf sie zukam. Kein gutes Zureden, kein noch so schmackhaftes Futter half. Selbst eine Banane, der Affenköder schlechthin, konnte Effie nicht aus ihrer sicheren Schlafkammer locken.

Erst als die Pfleger die vertraute Bebe mit auf die Anlage ließen, kam Effie vorsichtig und voller Misstrauen heraus. Sie setzte sich auf einen Felsvorsprung und wartete. Wartete auf den Silberrücken, der ihr Herzblatt werden würde – wenn jetzt alles gut ging.

Als die Luke zu Gorgos Schlafgemächern hochgezogen wurde, schob der Gorillamann seine breiten Schultern sofort durch die Tür. Ließ einmal den Blick über die Anlage schweifen und ging schnurstracks auf Effie zu. Ihr dämmerte, dass die Schmeicheltaktik hier nicht weiterhelfen würde, und flüchtete. Doch sie hatte nicht mit Gorgos Schnelligkeit gerechnet: Ohne zu zögern schnappte er nach ihr. Von den Seiten hörte man die Pfleger »Wasser marsch« rufen, doch da war es schon passiert: Gorgo hatte Effie kräftig in den Oberschenkel gebissen. Grob, herzlos, brutal. Doch dann passierte etwas, womit weder die Pfleger noch der Gorillamann gerechnet hätten: Mit einem Schrei stürzte sich die Drangsalierte auf ihren Peiniger und jagte ihn im Schweinsgalopp über die Anlage. Statt Liebe gab es nun Hiebe für den Chef der Gorillatruppe. Und der ach so mächtige und erhabene Silberrückenmann flüchtete vor einer Gorillafrau! Was für eine Schande. Das hatte es noch nie gegeben. Bebe hatte sich das Ganze fressend aus ihrer Ecke angeschaut. Sei es, dass sie von Effies Kühnheit angesteckt wurde, sei es, dass sie die Ungerechtigkeit, die der Neuen widerfahren war, nicht mit ansehen konnte, auf einmal hetzte sie gemeinsam mit Effie den Gruppenchef

über die Anlage. Der nahm die Beine in die Hand und rannte, so schnell er konnte. Aus dem gefährlichen Gorillamann war ein jämmerlicher Flüchtling geworden. Gorgo war erstens überheblich gewesen, hatte zweitens, ohne der Gegnerin eine Chance zu lassen, zugebissen und musste nun drittens dafür büßen. Aber auch Effies Verhalten war nicht fehlerfrei: Sie war Gorgo zu nahe getreten.

»Nicht gut«, sagten die Pfleger, »Effie müsste sich eigentlich unterordnen, um nicht noch mehr von Gorgo zugerichtet zu werden.« Doch das hatte Effie noch nie gelernt und einen anderen Weg gewählt. Gorgo war offenbar nicht bestechlich – nun gut. Effie aber war genauso wenig willens, sich unterzuordnen. Entweder Gleichberechtigung oder Krieg! Diese Schmach sollte der stolze Gorillamann nicht so schnell verges-

sen. Auch Effie brauchte Wochen, um ihre Wunden zu lecken und sich zu erholen. Aber ein Gutes hat die Sache doch: Bebe, die sich noch bis vor kurzem aus allem herausgehalten hatte, ist seit der gemeinsamen Attacke Effies Verbündete. Selten weicht sie ihr von der Seite. Aus gegenseitiger Duldung ist echte Frauenfreundschaft geworden.

Und es hat sich noch mehr verändert: Effie ist nun auch mit den anderen Gorilladamen zu sehen. Und die neue Frauenclique scheint sich immer besser zu verstehen. Wenn Gorgo also das nächste Mal auf all seine Frauen trifft, dann wird er sich vorsehen müssen. Seit Effie in Leipzig ist, weht ein anderer Wind im Gorillagehege. Er ist weiblich. Und er ist kräftig. Es ist ein Hauch von Gleichberechtigung. Und der hat schon so manchen Mann das Fürchten gelehrt.

Vor und nach dem Fuchs und der Mann, der den Fisch bringt

Als die Sonne aufging, bot sich ein schrecklicher Anblick. Überall Blut! Mitten auf der Pinguinanlage lagen sechs leblose Körper. Todesursache: ein Biss in den Nacken. Der Täter: Mit an Sicherheit grenzender Wahrscheinlichkeit ein Fuchs. Er hat verräterische Spuren hinterlassen! Eigentlich ist das Pinguingehege für den Gevatter nicht zugänglich. Ein breiter Wassergraben trennt die Vögel und die Besucher. Doch der Fuchs ist ein so geschickter Jäger, dass er einen Weg gefunden hat, in das Terrain der Pinguine einzudringen. Es war ein Massaker. Unter den Pinguinen herrschte völlige Panik, verzweifelte Flucht.

Die kleinen Vögel versuchten mit ihrem watschelnden Gang ins Wasser zu fliehen. Dort sind sie dem einheimischen Räuber überlegen. Doch nicht alle schafften es. Das Ende: ein Blutrausch. Von zweiundzwanzig Pinguinen wurden sechs totgebissen. Zwei weitere starben kurze Zeit später krankheitsbedingt. Ob ihr Tod auch auf das Konto des Fuchses geht? Man weiß es nicht. Für den Zuchtmann der Pinguine und die anderen dreizehn Überlebenden ist seit diesem Angriff nichts mehr, wie es war. Ihre kleine Welt, in der sie so friedlich vor sich hingelebt hatten, ist völlig verändert. Irgendwie sind alle verstört. Kaum einer geht noch ins Wasser. Einige verbringen die meiste Zeit drinnen oder versteckt im Gebüsch. Sie stehen dicht aneinandergedrängt am Berg, sie drücken sich mit dem Rücken gegen die Mauer, ganz so wie ein Mafioso, der immer mit dem Rücken zur Wand sitzt, weil er weiß, sein Mörder könnte durch die Tür schreiten. Der Fuchs ist noch irgendwo da draußen. Das Misstrauen bei den Pinguinen ist riesig. Und wenn der Mann kommt, der den frischen Fisch bringt, traut sich keiner mehr so richtig heran. Er sitzt da und ruft und wedelt mit dem Fisch und nur ab und zu wagt sich einer aus der Deckung und holt sich sein Futter ab. Die meisten warten, bis er den Fisch ins Wasser wirft. Seine Stimme klingt ein bisschen verzweifelt. Dabei ist nicht klar, ob er etwas damit zu tun hat. Mit diesem schrecklichen Vorfall.

Die Zeitrechnung der Pinguine heißt seither: vor dem Fuchs und nach dem Fuchs. Vorher waren sie eine gute Gruppe: Zweiundzwanzig Pinguine, und man kam miteinander klar. Jedes Frühjahr war Paarungszeit. Es ging munter um das Wer-mit-wem, und dann fingen alle an zu singen und zu balzen. Der Mann, der immer den Fisch bringt, stand dann am Rand und lächelte. Und schon bald hatten sich die Paare

Brillenpinguin

Verwandtschaft Mittelgroße Art unter den 18 Pinguinarten

Heimat Südafrikanische Meeresküsten und vorgelagerte Inseln mit meist flachem Gelände und niedriger Vegetation

Nahrung Hauptsächlich Kleinfische und Krebstiere, auch Muscheln und Tintenfische

Besonderheiten Brillenpinguine brüten in einer mit Schnabel und Füßen selbst gegrabenen Höhle, um die häufig gestritten wird. Als ›Eierlieferant‹ ist ihr Bestand stark verringert und gefährdet.

gefunden. Es gab zwar immer ein bisschen Stress, wenn es um die Verteilung der Bruthöhlen ging. Die beliebtesten waren die beiden oben am Hang. Wenn der Fischmann kam und die Höhlen aufmachte, wurde dann ein klein wenig gerangelt und gebissen. Aber wenn klar war, wer wo wohnt und brütet, war der Stress wieder vorbei. Der Mann half sogar mit und brachte Reisig und Stroh für den Nestbau. Das nahm doch einiges an Arbeit ab. Und die meisten aus der Gruppe dankten es ihm, waren fruchtbar und legten Eier. Der Mann, der den Fisch

bringt, kam dann immer nachsehen, ob schon Eier da sind. Und wenn welche da waren, lächelte er wieder. Dann schlüpften die Kleinen und der Mann half ihnen, den Fisch schlucken zu lernen. Das sah immer ein bisschen komisch aus. Er drückte den Fisch in die kleinen Hälse, bis die Tiere anfingen, ihn selber herunterzuschlucken. Und wenn sie ihn dann selber schlucken konnten, lächelte er wieder. Ab und zu kamen die Pinguine morgens raus, und plötzlich war das Wasser weg. Doch der Rhythmus der Gezeiten war im Leipziger Zoo nicht so wie im Meer, sechs Stunden viel und sechs Stunden wenig Wasser. Eher so: zwei Wochen immer Wasser und dann einen Tag gar keins. An diesem Tag war der Mann, der den Fisch bringt, ganz schmutzig. Und am nächsten Tag war das Wasser wieder klar und der Mann lächelte wieder, wenn er dem Zuchtmann und seinen Pinguinen zuschaute, wie sie durch das Wasser flitzten. Und als sie einmal Angst hatten, weil die doofen Möwen über ihnen kreisten und ihnen den Fisch wegfraßen, da hat er die Störenfriede mit ihren eigenen Waffen geschlagen und

Warnschreie der Möwen von einer CD abgespielt. Super Typ! Die Möwen sind dann echt abgehauen und man hatte wieder seine Ruhe. Es war eine schöne Zeit. Jetzt macht der Mann, der den Fisch bringt, jeden Abend einen Zaun vor das Pinguingehege und schließt ihn an den Strom an. Eigentlich sind die Pinguine schon überzeugt, dass er nichts mit dem brutalen Massaker zu tun haben kann. Trotzdem ist nichts mehr, wie es war. Der Mann, der den Fisch bringt, lächelt auch nicht mehr so oft. Scheiß Fuchs!

Horst – aus dem Leben eines Prominenten

Stellen Sie sich vor, Sie gehen durch die Stadt und jeder Mensch, der ihnen entgegenkommt, kennt Sie, grüßt Sie. Sie grüßen zurück, aber Sie kennen niemanden. So geht es Horst. Schon frühmorgens kommen Menschen auf ihn zu und sagen solche Sachen wie »Hallo Horst«, »Horst guck doch mal«, »Hoaaaaaast« und so weiter. Das endet erst, wenn der Zoo schließt. Anstrengende Arbeitstage. Aber Horst nimmt's mit Gelassenheit.

Letztendlich ist es sein Job: Horst ist das Promotion-Lama des Leipziger Zoos. Aber das war nicht immer so. Der Entdecker von Horst heißt Michael Ernst. Er ist so eine Art Manager, Promoter und Berater in einer Person. Er erblickte Horst und wusste: In diesem Lama steckt mehr. Eines Tages sagte er zu Horst: »Horst, ich bringe dich groß raus.« Doch vor den Ruhm haben die Götter die Dressur gestellt. In endlosen Stunden hat Michael mit Horst für die großen Auftritte geübt. Halfter an, Halfter ab, Halfter an, Halfter ab. Horst machte sich gut, er hatte Talent. Nach kurzer Zeit klappte das mit dem Halfter. Und das Faszinierende: Horst behielt immer diesen stoischen Blick, diese Abgeklärtheit. Immer wirkt er leicht entrückt, so als wolle er sagen, ihr mit euren Problemen, da steh ich drüber. Dieser Blick, den haben nur die ganz Großen: die Monroe, James Dean und eben Horst. Das Talent war also da. Als Nächstes sollte Horst, der Starlehrling, das Treppensteigen lernen. Keine naturgegebene Fähigkeit der Kamelartigen. Aber bei vielen Karrieren gibt es Hindernisse. Der Weg nach oben ist eben nicht leicht. Diese Konstruktion, die die Menschen Treppe nennen, so schien es, war Horst zutiefst suspekt. Er war bockig. Erst durch gutes Zureden und den Hinweis, dass die große Bühne, das begeisterte Publikum, frenetischer Jubel auf ihn warten, war Horst zu locken. Nach Wochen harter Arbeit, Verwaltungstrakttreppe rauf, Verwaltungstrakttreppe runter, waren auch menschliche Höhenüberwindungsbauten kein Problem mehr. Äußerlich ließ Horst sich in der Zeit übrigens nichts anmerken. Die Monroe, der Dean.

Dann eines Tages kam sie: die Chance auf den Durchbruch. Der Moment, den ein Künstler braucht, um groß rauszukommen. Hatte Michael wirklich nicht zuviel versprochen? Horst sollte im Leipziger Gewandhaus sein Debüt geben. Ein Benefizkonzert für den Leipziger Zoo. Der erste Auftritt, und dann gleich in den heiligen Hallen des Gewandhauses. Äußerlich blieb Horst ... wie gehabt gelassen. War er tatsächlich so ruhig? Schließlich hat in der Geschichte der Kamelartigen noch kein Lama die Bühne eines Konzerthauses betreten. Einundzwanzig Uhr

Lama

Verwandtschaft Haustierform des Guanakos

Heimat Gras- und Buschland in Höhen von 2300 bis 4000 m in den mittleren südamerikanischen Anden

Nahrung Gras und Laub

Besonderheiten Lamas dienten in den Andengebieten bereits als Haustiere, bevor Kolumbus Amerika entdeckte. In diesen Gebieten leben auch heute noch ca. 3,5 Millionen Tiere.

zehn, Spot an. Der Manager hoch nervös, Horst seelenruhig. Eine Runde, zwei Runden, der Auftritt: eine Sternstunde. Der Durchbruch geschafft – vor laufenden Fernsehkameras! Danach war nichts mehr wie vorher. Horst war über Nacht zum Star geworden. Sein Auftritt hatte aber auch wirklich Klasse, da waren sich alle einig. Und dieser Blick: die Monroe, der Dean! Seit diesem Tag ist alles, was Horst macht, eine Story wert. Die Fotografen, die Paparazzi, verfolgen ihn. Er trägt eine schwere Last auf seinen Lamaschultern. Sein Leben ist der Laufsteg. Der Dieter Bohlen des Leipziger Zoos. Kein Wunder, dass sich diese Unnahbarkeit noch verstärkt hat, dieses fast buddhistische Entrücktsein, diese Dis-

tanz. Die Rollenangebote häuften sich. Bei einem PR-Termin mit Mittlerweile-Verkehrsminister Wolfgang Tiefensee wurde sein Ruhm so richtig deutlich. Alle fragten: Wer ist der Typ da neben Horst? Manchmal ist der Job als Promotion-Lama hart. Da braucht man Nerven wie Drahtseile. Immer lächeln, auch wenn neben einem große Töne gespuckt werden und man das eigentlich viel besser kann. Aber Horst, Monroe, Dean! Aber dann gab es doch ein einschneidendes Erlebnis in Horsts Karriere! Entdecker, Förderer, Manager und Freund Michael begann, sich Sorgen zu machen. Horsts Ruhm war so groß geworden, alleine kaum mehr zu tragen. Der Tierpfleger beschloss, einen weiteren Kamelar-

tigen unter Vertrag zu nehmen: Harry. Eines Tages kam Michael mit dem kleinen Alpaka anstolziert. Über diesen Tag werden übrigens viele Lügen verbreitet. Es geht das Gerücht, Horst sei beim Anblick des Alpaka geflohen, abgehauen, über den Zaun gesprungen, einige sprechen sogar von einem Karriereknick. Aber Horst ist einfach nur erschrocken. Dieses Wesen, die Haare tief im Gesicht, dieser Hippie, er kam einfach zu überraschend! Die Anwesenheit von Harry machte es Horst nicht leichter. Die Rollen waren nicht klar verteilt. Auf dem Schild draußen am Gehege stand: Horst und Harry. Horst stand nicht mehr allein im Mittelpunkt. Der geteilte Ruhm sorgte nicht für ungeteilte Freude. Einige

Fans, die vorher kamen, um nur ihm zuzujubeln, hatten auf einmal nur noch Augen für den Kleinen. Michael Ernst hatte das Alpaka als fast gleichwertigen Partner eingekauft. Aber Horst hat ja diese stoische Ruhe weg: die Monroe. Und so entspannte er sich irgendwann und beschloss, dem Kleinen ein guter Lehrmeister zu sein. Der Dean! Und na klar, der muss noch einiges lernen. Noch hat Harry nicht das Format eines Horst. Sicherlich – ganz untalentiert ist er nicht, da geht was! Vielleicht werden Horst und Harry eines Tages in die Fußstapfen der großen Duos treten. Ernie und Bert, Dick und Doof, Hurvinek und Spejbl und eben Horst und Harry.

Alpaka Harrys steiniger Weg zum Ruhm

Für Alpaka Harry teilt sich die Zeitrechnung in die Vor-Zoo-Ära und die Zoo-Ära. Als sich Harry noch in der Vor-Zoo-Ära befand, hieß das Alpaka noch gar nicht Harry, sondern war ein Kamelartiges unter vielen: freundlich, zottelig, manchmal spuckend, unspektakulär. Dort, auf einer Weide im Zweiländereck, krähte kein Hahn nach dem Landei, das innerhalb kürzester Zeit ein renommiertes und ziemlich berühmtes Alpaka werden sollte. Und wer Harry jetzt kennt, kann sich nicht vorstellen, dass dieses stolze, souveräne Tier einst ein Alpaka unter vielen war. Harry hat seine wahre Heimat, die Anden, nie gesehen. Mit seiner siebenköpfigen Alpaka-Familie wuchs er auf einem kleinen Bauernhof neben Hühnern, Schafen und Hunden auf. Sein dicht gewachsenes Fell schützte ihn gegen den rauen deutschen Winter, seine braunen Augen schauten von Geburt an wach unter den weißen Stirnfransen hervor, die ihn schon immer ein wenig verwegen aussehen ließen. Was Harry aber von klein auf unverwechselbar machte, das war der markante schwarze Schönheitsfleck auf seiner rechten Oberlippe. Dieses Mal war entscheidend für seinen späteren Werdegang. Denn eines Tages, in einem regnerischen Herbst, kamen die Menschen aus dem Zoo: mehrere Tierpfleger, ein Professor und ein Lama-Flüsterer. Sie suchten nach einem Kumpel für Horst, das berühmte Lama aus dem Leipziger Zoo. Und der Professor verliebte sich stehenden Fußes in eben diesen Schönheitsfleck – und damit in das Alpaka, das später einmal Harry heißen sollte. Von einem Moment auf den anderen war Harrys Werdegang besiegelt. Und anscheinend war dem Andentier sofort klar, dass es an diesem Tag den ersten Schritt zum Ruhm getan hatte.

Doch erst einmal lief alles ganz unrühmlich ab: Harry wurde aus seiner Herde gelockt, gefangen und in eine ganz gewöhnliche Tier-Transportkiste gepackt. So reiste das Alpaka in Dunkelheit und Enge die fünfzig Kilometer in den Leipziger Zoo. Doch andere Berühmtheiten haben unter viel beklagenswerteren Umständen den Weg nach oben ins Scheinwerferlicht geschafft – und deswegen jammerte Harry nicht. Er machte auch keinen Mucks, als er seine neuen Mitbewohner kennen lernte, mit denen er sich von nun an das Gehege teilen sollte: zwei Eseldamen, Eros, den dazugehörigen Hengst, und Horst, das Promotion-Lama des Leipziger Zoos.

Nein, ganz im Gegenteil. Harry war bereit, sich mit allen widrigen Umständen zu arrangieren. Vielleicht vermisste er seine Artgenossen zu Hause auf dem Land und es mag sein, dass seine neuen Gefährten ihm

Alpaka

Verwandtschaft Kamele

Heimat Gebirgszüge der Anden in Chile, Peru und Bolivien

Nahrung Gras und Heu

Besonderheiten Während das Lama den südamerikanischen Zivilisationen vor allem als Lasttier diente, wurde das Alpaka wegen seiner langen Wolle gezüchtet.

eher exotisch vorkamen. Aber Harry hatte offenbar beschlossen, das Beste aus seinem Schicksal zu machen. Als er die eingeschworene Gemeinschaft aus Eseln und Lama erblickte, ging er denn auch frohen Mutes und mit besten Absichten direkt auf sie zu. Besonders Horst, das Lama, wollte Harry kennen lernen, schließlich liegen Lamas und Alpakas rein familienmäßig gar nicht so weit auseinander, beide gehören zu den Kamelartigen.

Doch Horst, der in der Funktion eines Promotion-Lamas häufig in feinen Kreisen verkehrt, zu hohen Tieren wie Bürgermeistern und Bundesverkehrsministern Kontakt pflegt, war das bodenständige Auftreten von Harry nicht geheuer. Mit anderen Worten: Es war ihm zutiefst suspekt. Und so nahm Horst, ganz unfein und gar nicht der Etikette entsprechend, spontan Reißaus. Er galoppierte quer durch das Gehege und sprang mit einem Riesensatz über den Zaun in den angrenzenden Tierkindergarten. Dort fand er sich wieder zwischen Hängebauchschweinen und Zwergziegen. Die staunten nicht schlecht über den hohen Besuch. Horst hatte sich mit einem kräftigen Sprung ins soziale Abseits katapultiert. Und blieb dort erst mal.

Alpaka Harry wusste gar nicht, wie ihm geschah. Er verstand die Welt nicht mehr, die noch vor kurzem so klein, überschaubar und freundlich gewesen war – zu Hause auf seinem heimeligen Bauernhof. Ratlos stand er zwischen den Eseln, die ihn misstrauisch beäugten. Und dann kam Lama-Flüsterer Michael Ernst ins Spiel. Zunächst musste Alpaka Harry geflüstert werden, um ihn aus dem Weg und in seinen Stall zu räumen. Horst, der noch immer kopflos zwischen Schweinen und Ziegen umherirrte, war sichtlich erfreut, seinen Tierpfleger Micha zu sehen. Der flüsterte auch ihm und führte das Lama am Halfter zurück in sein

Gehege. Mit jedem Schritt, mit dem er sich von dem Tierkindergarten entfernte, kehrte Horst zum stolzen Habitus eines Promotion-Lamas zurück. Dass er für einen Moment die Contenance verloren hatte, sollte so schnell wie möglich in Vergessenheit geraten.

Schon bald erkannte Alpaka Harry, dass Lama Horst eine große Nummer war, der man sich behutsam nähern musste. Das war der zweite Schritt auf dem Weg zum Ruhm, denn Harry fand in Horst einen Lehrmeister. Schon bald lernte er, sich vorsichtig zu bewegen und vornehm zu tun – zwei Verhaltensregeln, die eben auch für ein Alpaka gelten, wenn es gesellschaftsfähig werden möchte. Es dauerte nicht lange und aus dem bäuerlichen Alpaka mit den wachen Augen wurde ein stolzes Tier, das den leicht arroganten Blick des Promotion-Lamas kopierte. Was ihm umso leichter fiel, als seine Augen durch die langen Stirnfransen teilweise verdeckt wurden. Ein Alpaka ist dadurch sehr undurchschaubar.

Harrys zweiter Lehrmeister war Tierpfleger Micha, der vor drei Jahren in Österreich das Lama-Flüstern erlernt hatte. Was für ein Lama recht ist, kann für ein Alpaka nur billig sein, dachte dieser und brachte seinem Schützling, nachdem er ihn auf den Namen Harry getauft hatte, alles bei, was ein Alpaka auf dem Weg nach oben braucht.

So lernte Harry, dass ein Halfter zwar unbequem ist, aber nicht den Weltuntergang bedeutet. Und das, obwohl er sich anfangs recht störrisch zeigte: Zunächst jagte er wie ein Wilder an der Leine um seinen Pfleger herum und vollführte Sprünge, die eines Ziegenbocks würdig wären. Micha behielt die Ruhe und wartete ab. Als Harry merkte, dass seine Taktik ins Leere lief, probierte er es mit einer den Kamelartigen eigenen List: Er ließ sich aus dem Nichts auf die Erde fallen und

schmollte. Manchmal dauerte es eine geschlagene halbe Stunde, bis Harry wieder auf die Beine kam. Doch ein Lama-Flüsterer kennt die Tricks seiner Pappenheimer und mit der Zeit, viel Geduld und Spucke gelang des Widerspenstigen Zähmung: Nach nur zwei Monaten war Harry sogar bereit, Treppen zu steigen. Vielleicht war ihm im Lauf der Zeit klar geworden, dass man so nach oben kommt.

Spucken ist bei Alpakas häufig ein Zeichen von Missstimmung – Harry aber verzichtete bald ganz darauf. Spucken gehört zwar zu einem Alpaka wie das Salz in der Suppe, aber es geziemt sich nicht für ein Tier, das zu Höherem bestimmt ist.

Derart auf seine künftige Aufgabe als Repräsentant des Leipziger Zoos vorbereitet durfte Harry im Frühjahr mit Horst ins Sommerquartier umziehen. Und dort erfuhr er einen großen Popularitätsschub. Horst voran, Harry hinterher – wie Gladiatoren zogen die beiden in ihr Gehege direkt neben dem Zoo-Eingang. Eskortiert von menschlichen Fans, die in Ah- und Oh-Rufe ausbrachen, als das Gespann sich seinen Weg durch die Menge bahnte. Harry schien erkannt zu haben, dass prominente Freunde Vorteile bringen – und so wich er dem Gefährten, der mit derartigen Massenhysterien bei seinem Anblick bestens vertraut ist, nicht von der Seite. Harry hielt sich gut in diesem Tumult, bedenkt man, dass er noch nie in seinem Leben so viele Menschen auf einem Haufen gesehen hatte: kein Spucken, kein Bocken, kein Auf-die-Erde-Werfen. Harry hatte seine Lektionen gelernt.

Und immerhin, Ruhm bringt ja auch Vorteile: Statt Hausmannskost auf dem heimischen Bauernhof gibt es nun erlesenes Kraftfutter und vom Tierarzt-Professor handgeschnittenes Heu. Das ›Klingelschild‹ an der Tür des Geheges verweist nicht, wie bei allen anderen Tieren des Zoos, auf Art, Verbreitungsgebiet und Lebensweise. Nein, bei Horst und Harry steht einfach ›Horst und Harry‹ an der Tür. Und – Alpaka Harry ist sich noch nicht ganz im Klaren, ob das tatsächlich ein Vorteil ist – seit der Zoo-Ära gibt es regelmäßige Friseurtermine. Dann kommen die Tierpfleger mit einer scharfen Schere und verwandeln das zottelige Anden-Tier in eine Art Königspudel: Am Körper nackt, nur am Schwanz, über den Hufen und am Kopf wilde Fellpuschel. Harry trägt diesen Façon-Schnitt mit Fassung. Schließlich scheint die ausgefallene Frisur zu seiner stetig wachsenden Berühmtheit zu passen. Auch Lama Horst muss sich regelmäßig dieser Prozedur unterziehen und sieht dann – nebenbei bemerkt – auch nicht viel besser aus.

Ein berühmter Freund bringt aber nicht nur Vorteile mit sich: Harry, das Alpaka vom Land, ist noch immer nicht aus dem Schatten herausgetreten, den Promotion-Lama Horst wirft. Nach wie vor ist es ausschließlich Horst, der zu Außenterminen wie politischen Veranstaltungen, Messen und Fußballspielen fahren darf, um den Zoo zu repräsentieren. Alpaka Harry muss zu Hause bleiben, wenn der Zoo-Transporter zum Promi-Fahrzeug und Tierpfleger Micha zum Lama-Chauffeur wird. Dann steht Harry alleine in seinem Gehege und stößt leise Klagelaute aus. Ob er seinen Freund vermisst? Oder eher den Ruhm, der diesem zuteil wird? Doch: Alpakas sind im Grunde ihres Herzens geduldige Tiere. Und so kann Harry warten, denn seine Zeit wird kommen. Vielleicht dann, wenn Horst einmal unpässlich ist oder zwei Promotion-Termine zur selben Zeit stattfinden. Vorerst bleibt Harry locker, denn er weiß: Der Weg zum Ruhm ist hart und steinig. So wie der Acker, auf dem das Alpaka vor drei Jahren geboren wurde.

Oscas kleines Alphabet

A wie Arakanga

Hellrot ist Osca, ein echter Arakanga, oder einfach – ein Papagei. Am 8. März 2004 zur Welt gekommen, nackt und nicht mal hundert Gramm schwer. Inzwischen ist aus Osca ein prächtiger Vogel geworden, rot gefiedert, die Flügel gelb, blau und schwarz untersetzt. Oscas Beine sind grün, das Gesicht weiß und der Schnabel beige. Normalerweise leben Aras in den tropischen Regenwäldern, hoch oben in den Baumwipfeln. Osca hat gleich zwei Wohnungen – in der Tierklinik des Leipziger Zoos und bei Christa Bachmann zu Hause.

B wie Bachmann, Christa

Tierarztassistentin Christa Bachmann, die ›Oberschwester des Zoos‹, ist die Ersatzmama. Von den Vogeleltern verstoßen, wächst der Papagei bei Christa auf. Angefangen hat das mit dem mühevollen Füttern per Hand. Osca musste lernen, wie man Nüsse knackt, was angefressen werden darf und was nicht, wozu die Flügel taugen. Fürs Kraulen und Schmusen muss sich Christa Zeit nehmen und bespielt werden will Osca auch. Ein Fulltimejob. Und das für die nächsten sechzig Jahre. So alt nämlich können Aras werden.

C wie Computermaus

Noch ist Osca ein Kind, ganz verspielt. Mit Begeisterung ärgert sie den Professor in der Tierklinik. So auch an jenem Tag, als Klaus Eulenberger vertieft vor seinem Computer sitzt. Nachbereitung einer Operation, Dateneingabe, Tabellen, Statistiken. Ein trockenes Geschäft, die Brille hängt müde auf der Nase. Immer wieder verrutscht der Blick in den Spalten. Und dann streikt auch noch die Computermaus. Professor Eulenberger ruft verärgert nach Schwester Christa, die prompt die Sachlage erkennt: In einer Ecke des Schreibtisches hockt Osca, in ihrem Schnabel ein Ende des Kabels.

D wie DVD

Papageien-TV – das gibt's in England. Damit die als sensible und soziale Lebewesen geltenden Vögel sich nicht langweilen oder gar depressiv werden, hat die Weltstiftung für Papageien eine DVD produziert. Im Handel seit dem 31. Mai 2004, dem internationalen Tag des Papageis. Zu sehen sind schlicht andere Papageien. Papageien in Australien, in Peru, in Brasilien. Papageien beim Krächzen, beim Fliegen, bei der Gefiederpflege. Osca pfeift darauf.

E wie Eifersucht

Osca verlangt nach Aufmerksamkeit, vierundzwanzig Stunden am Tag.

F wie flügge

Osca wedelt wild mit ihren Flügeln. Das tut sie immer, wenn sie aufgeregt oder freudig ist. Doch eines Tages hebt sie ab und verliert den Boden unter den Füßen. Osca versteht nicht, was da mit ihr geschieht, wedelt heftiger, sieht sich in großem Bogen über die Straße fliegen und landet unsanft direkt unter einem Auto. Das glücklicherweise parkt und so kommt der kleine Vogel mit dem Schrecken davon. Inzwischen fliegt

Arakanga

Verwandtschaft Aras, Gattung der größten Papageien

Heimat Bevorzugt Trockenwälder und Savannen bis 1000 m Höhe in Mittel- und Südamerika

Nahrung Früchte der verschiedensten Palmen, Mangos, Feigen, während der Nestlingszeit auch Insekten

Besonderheiten Außerhalb der Brutzeit vereinigen sich die Arakangas zu größeren Verbänden und vergesellschaften sich mit anderen Aras. Durch die Lebensraumzerstörung und den Fang ist ihre Population stark zurückgegangen.

Osca wie ein richtiger Ara, macht Ausflüge zu den Nachbarn, flattert ins nächstgelegene Neubaugebiet oder gleitet über die Baumwipfel. Trotz ihres verhältnismäßig großen Gewichts sind Aras gewandte Flieger, können große Distanzen zurücklegen, entfernen sich aber normalerweise nicht allzu weit von ihrem Schlafplatz.

G wie Geschlechtsreife

Wenn Aras geschlechtsreif werden, geht's erst richtig rund. Das müsse man sich vorstellen wie bei pubertierenden Mädchen, sagt Christa. Und atmet tief durch.

H wie Hausrat

Noch ein heikles Thema, das beschäftigt: Oscas Hang zu Plaste. Alles, was aus Kunststoff ist, wird angeknabbert. Kabel, Lichtschalter, Türen, Verkleidungen. Riesige Löcher zeugen von der Beißkraft eines Papageis. Wer Nüsse knacken kann, für den sind auch Gardinenstangen kein Problem.

I wie Intelligenz

Forschungen zeigen, dass Aras Wörter nicht nur nachplappern, son-

dern auch bedeutungsbezogen sprechen können. Bekannt ist die Biologin Dr. Irene Pepperberg, die mit ihrem Graupapagei Alex bewies, zu welch erstaunlichen Gedächtnisleistungen Papageien fähig sind. Sie trainierte ihren Graupapagei, indem sie ihm zunächst Worte für bestimmte Farben, Formen und Materialien von Gegenständen vorsagte, bis er sie beherrschte. Nach bestimmter Zeit brachte der Papagei die Wörter mit den jeweiligen Gegenständen in Verbindung. Bis zu sechs Gegenstände konnte er so zuordnen. Auch Osca kann sprechen: »Hallo Osca«, in diversen Tonarten. Sie imitiert Lachen und Schreien, versucht sich in fremden Vogelstimmen. Für mehr fehlt die Ausdauer. Osca ist eben kein Graupapagei.

J wie Jagdtrieb

Kürzlich hat Osca ein brütendes Krähenpaar angegriffen, ohne ersichtlichen Grund. Die schwarz Gefiederten fanden das gar nicht fein und attackierten ihrerseits den bunten Vogel. Bis nicht mehr klar war, wer jetzt eigentlich wen jagt. Das hätte ins Auge gehen können.

K wie Klaus

Professor Eulenberger heißt Klaus. Und der kleine Bruder von Ara Osca. Der war krank, rupfte sich nervös das Gefieder. Und weil Professor Eulenberger ihm mit Spritzen und Tabletten wieder zu einem gepflegten Äußeren verhalf, ist aus dem Vogel nun auch ein Klaus geworden. So wollten es die Pfleger. Osca konnte mit ihrem kleinen Bruder nicht allzu viel anfangen. Menschen sind ihr lieber. Also lebt Klaus wieder in seiner Voliere und Osca bei ihrer Christa.

L wie Lockruf

Osca folgt Christa aufs Wort: Es klingt wie »Babab« oder »Papap«. Mütter sagen etwas in der Art zu ihren Kleinkindern, während sie mit vollem Löffel vor ihren Mündern kreisen. Für Osca ist es der Lockruf ins Heim.

M wie Mohrle

Mit der Hauskatze verträgt sich Osca blendend. Gemeinsam lungern sie abends auf dem Sofa und schauen fern. Papageien-TV?

N wie Nachbarn

Ihre Ausflüge zu den Nachbarn pflegt Osca regelmäßig. Grillpartys, Tanzabende, Gartenfeste – Osca liebt den Trubel. Und Nachbars Kirschen. Nur manchmal sind die Stare schneller.

O wie Oscar

Früher hieß Osca Oscar. Bei Aras kann man das Geschlecht äußerlich nämlich nicht erkennen. Erst ein DNA-Test bringt die Wahrheit ans Licht. Und so wurde Oscar ein Jahr nach seiner – pardon – ihrer Geburt um ein r gebracht.

P wie Putztag

Montags steht Gefiederpflege auf dem Programm. Dann steigt Osca nicht etwa in die geräumige Dusche oder Wanne, sondern zwängt sich in das enge Waschbecken der Tierklinik. Und kreischt vor Freude.

Q wie Quatschen

Ein internationales Forscherteam schreibt in der Fachzeitschrift *Current Biology,* dass Papageien, wie wir Menschen, mit der Zunge plappern. Schon kleine Veränderungen der Zungenlage um wenige Millimeter reichen aus, um die Töne stark zu variieren. Ein wesentlicher Grund dafür, dass Papageien die menschliche Sprache so gut nachahmen können: »Hallo Osca« – immitiert der Ara Christas Ausruf.

R wie Revier

Osca ersetzt den Haushund. Bei Bachmanns bezieht sie Stellung auf einer Lärche und sobald ein ungebetener Gast erscheint, macht Osca Rabatz. Es soll Leute geben, die sicherheitshalber mit aufgespanntem Regenschirm erscheinen. Einzelfälle, wie Christa versichert. Osca sei ganz lieb.

S wie Sukasaptati

Eine alte, indische Märchensammlung unter dem Titel ›Sukasaptati – Die siebzig Erzählungen des Papageis‹ betrifft die Rahmenhandlung. Ein Kaufmann, der sich auf eine weite Geschäftsreise begeben muss, vertraut einem Papagei die Aufsicht über seine lebensfrohe Gattin an. Um die Frau daran zu hindern, die Abwesenheit des Gatten für einige Schäferstündchen zu nutzen, erzählt ihr der Papagei jeden Abend eine spannende Geschichte. Der Situation entsprechend, handeln die meisten Geschichten vom Ehebruch und seinen Verwicklungen. Abend für Abend ist es nach der Geschichte zu spät für die Gattin des Kaufmanns, um noch ihren Geliebten zu besuchen.

T wie Treue

Aras leben monogam. Haben sie einmal den richtigen Partner gefunden, bleiben sie ihm bis zum Tod treu. Es soll sogar Fälle geben, in

denen ein Vogel, der seinen Partner verloren hat, vor Kummer starb. Wenn kein anderer Vogel verfügbar ist, bindet sie dieser Gesellschaftstrieb an den Menschen. Osca und Christa – forever.

U wie Universalwerkzeug

Der Schnabel ist für Papageien ein Universalwerkzeug. Enterhaken: Der Haken des Oberschnabels eignet sich vorzüglich zum Heranziehen von Gegenständen [Ästen, Früchten etc.] und als Kletterhilfe. Freies Hängen nur am Oberschnabelhaken ist kein Problem. Schraubstock, Zange, Pinzette: Zwischen Unterschnabel und Oberschnabel können auch größere Gegenstände eingeklemmt werden. Die Tastkörperchen in Ober- und Unterschnabel erlauben im Zusammenspiel mit der sensiblen Zunge eine extreme Feinregulierung der Klemmkraft auch bei kleinsten Teilchen. Hobel: Werden Nüsse oder Samen gefressen, so fixiert der Vogel den Kern mit der Zunge, die Unterschnabelschneide trennt

dann von unten her die Hülle ab. Seitenschneider, Säge, Schere: Die seitlichen Schneiden von Ober- und Unterschnabel funktionieren ähnlich wie Messerklingen, wenn der Unterschnabel vor- und zurückbewegt wird.

V wie verurteilt

Ein Zeitungsartikel über einen ungewöhnlichen Nachbarschaftsstreit vor dem Düsseldorfer Amtsgericht. Das Gericht hat einen Ara samt Besitzer vorgeladen, weil die Nachbarn mehrere Anzeigen wegen Lärmbelästigung erstattet haben. Festgehalten in Protokollen und auf Tonbändern. Der Vogel bestätigt mit einem trockenen »Jaja«. Laut und deutlich stellt sich der Papagei selbst mit seinem Namen vor. Der Richter entscheidet sich für hundert Euro Bußgeld und empfiehlt, den Vogel wegzugeben. Der steckt in diesem Moment den Kopf unter die Flügel. Als einige Damen den Gerichtssaal verlassen, pfeift er keck hinterher. Zum Abschied flötet der Vogel noch eifrig in die Mikrofone der zahl-

reichen Journalisten. Christa blättert weiter: Osca liebt – zum Glück –
die leisen Töne.

W wie Wäscheleine

Osca, sicher gut ein Kilo schwer, balanciert liebend gern über Wäsche-
leinen. Wie eine Seiltänzerin verlagert sie vorsichtig ihr gesamtes Gewicht von einem Fuß auf den anderen. Und weil das nicht Heraus-
forderung genug ist, bearbeitet sie gleich noch die Wäsche. Schnipst
die Klammern mit ihrem Schnabel von der Leine und äugt belustigt
nach dem wilden Wäschechaos auf der Wiese.

X wie x-mal

Osca steht gern im Rampenlicht. Ob Wohltätigkeitsveranstaltungen,
Messeauftritte oder auf dem politischen Parkett, Osca war schon x-mal
dabei, natürlich nur an Christas Seite.

Y wie Yoga

Yoga dagegen ist nichts für Aras. Zu langweilig. Was Osca aber perfekt

beherrscht, ist das seitliche Überrollen. Dazu legt sich Osca auf den Rücken, lässt sich bereitwillig den Bauch tätscheln, um sich dann, in Windeseile, über den Flügel zu wälzen und bäuchlings wieder aufzurichten. Geschickt!

Z wie Zeh

Osca fehlt links ein Zeh. Ihre Nüsse hält sie seitdem mit rechts. Wie das passieren konnte? Kurz nach ihrer Geburt spreizt Osca das linke Bein unnatürlich vom Körper ab. Die Eltern haben ihr beim Versuch aufzustehen die kleinen Krallen verletzt. Der Professor und Schwester Christa eilen zu Hilfe, es wird geröntgt, diagnostiziert und bandagiert. Unmöglich, so ins Nest zurückzukehren. Die Eltern würden sie nicht mehr annehmen. Und deshalb landet Osca bei Christa Bachmann, der Ersatzmama.

Womit wir wieder am Anfang der Geschichte wären. Und die beginnt mit **A** wie Arakanga.

Was Tiger Mischa lächeln lässt

Wer Tiger Mischa trifft, wenn er gerade geimpft wird, könnte meinen, den Raubkater auf der falschen Pfote erwischt zu haben. Denn Tiger Mischa guckt zutiefst beleidigt, wenn ihn die Spritze aus dem Pusterohr des Professors am hinteren Oberschenkel erwischt. Seine ganze Mimik zeigt diese Kränkung: Mit einer ›Leckt mich alle am Arsch‹-Haltung schaut er in die Welt, die Maulwinkel leicht heruntergezogen, die Barthaare hängen ebenfalls ein wenig. Mischa ist trotz – oder gerade wegen – dieser Impfung gegen Katzenschnupfen zutiefst verschnupft. Denkt man. Doch der Tiger hat keine schlechte Laune, Mischa guckt immer so.

Schon als er mit einem knappen Jahr bei bestem Reisewetter vom Tierpark Hagenbeck in Hamburg nach Leipzig umzog, hatte er diesen Gesichtsausdruck, erinnert sich seine Pflegerin Franka Friedel. Und mit zunehmendem Alter ist es nicht besser geworden. Amurtiger Mischa ist jetzt acht Jahre alt. Der ›Ich bin eingeschnappt‹-Blick scheint zu dem stattlichen Kater zu gehören wie seine langen messerscharfen Krallen und die gelbgrünen Augen.

Als Mischa im Leipziger Zoo einzog, wartete die für ihn Auserwählte bereits auf ihn: Tiger-Dame Taiga, eine Russin, mit einem Jahr mehr Lebenserfahrung, schlanken Fesseln und allen weiblichen Reizen, die ein Tigerherz höher schlagen lassen. Ein anregender Anblick für Mischa – dennoch, er schaute – wie ihm eigen – unbeeindruckt. Auch als Taiga in die Hitze kam, sich auf dem Rücken rollte, an den Gitterstäben rieb und auffordernde Blicke rüberwarf, blieb Mischa, zumindest äußerlich, gelassen. Selbst das Liebesspiel zauberte kein Mienenspiel auf Mischas Gesicht: Fast unbeteiligt näherte er sich der Tigerdame, biss sie in den Nacken und paarte sich mit ihr. Nur der obligatorische Prankenhieb, den Tigerinnen ihren Männern danach mit auf den Weg geben, verleitete ihn zu einem Fauchen, das daran erinnerte, dass Mischa tatsächlich ein Raubtier ist. Ob ihm das Ganze Spaß machte? Man weiß es nicht. Erwiesen ist, dass Mischa, wie jeder Tiger, in der Paarungsphase bis zu sechs Mal pro Stunde kann und will. Ebenso erwiesen ist, dass Mischa dabei schon Vater geworden ist und dass er keine Gelegenheit auslässt, noch mehr Nachkommen in die Welt zu setzen. Doch dieser

Amurtiger

Verwandtschaft Größte lebende Katze

Heimat Taiga im Flussgebiet von Amur und Ussuri

Nahrung Wildschwein, Hirsch, Moschustier, Elch, Hase, Luchs, Bär, Haselhuhn, Mäuse, Eidechsen und anderes Kleingetier

Besonderheiten Der Amur- oder auch Sibirische Tiger ist im Freiland durch Umweltzerstörung und Jagd für die traditionelle chinesische Medizin stark bedroht.

Blick – er will nicht weichen aus Mischas Gesicht. Hat denn dieser Kater keine Leidenschaft? Gibt es nichts, was ihm ein Lächeln aufs Maul zaubern könnte?

Seine Tierpflegerinnen Franka Friedel und Corina Wirth haben sich schon viele Tierbeschäftigungs-Maßnahmen ausgedacht, um Mischas Laune tigergerecht aufzuheitern. Der vorerst letzte Versuch: ein frisch geschlachtetes Kaninchen, das am Seil von einem Baum herunterhängt. Über einen Flaschenzug kann dieses ganz besondere Leckerli immer höher gezogen werden. Die Vision der beiden Pflegerinnen: Eines Tages springt und klettert Mischa wie ein wilder Tiger den Baum hinauf, um den Leckerbissen zu erbeuten. Doch bei Mischa muss man

ganz klein anfangen. So baumelt eines Mittwochs in anderthalb Metern
Höhe, also knapp über Mischas Kopf, ein Kaninchen am Baum. Ein
feudales Katerfrühstück, sollte man meinen. Doch Mischa liegt in einer
Ecke seines Freiluftgeheges auf dem faulen Fell. Corina steht am Rand
und redet mit Engelszungen auf den Tiger ein. Das Einzige, was passiert, ist, dass Mischas Miene sich von ausdruckslos in ›Mir doch egal‹
verwandelt. Eine gute halbe Stunde versucht die Pflegerin, den trägen
Tiger zumindest in die Richtung des Baumes zu locken. Vergeblich.
Und dann, endlich, bequemt sich Mischa, steht auf, betont langsam,
schnüffelt hier, markiert dort – um dann völlig gleichgültig unter dem
Kaninchen hindurchzuschleichen. Fast hat man das Gefühl, er zöge

sogar noch ein wenig den Kopf ein. Es braucht anscheinend mehr, um einen Tiger wie Mischa zu beeindrucken. Tierbeschäftigung, so sagen Franka und Corina, beschäftigt meist den Menschen länger als das Tier und meistens haben Zweibeiner mehr Freude daran als ihre Vierbeiner. Tiger Mischa hat Freude an einer ihm ganz eigenen ›Tierbeschäftigung‹, und die geht so: An schönen Sonntagen, wenn der Zoo fast überquillt vor Besuchern, lungert Mischa in der Nähe einer riesigen Glasscheibe herum, die ihn von den Zoobesuchern trennt. Mischa wartet. Er scheint zu wissen: ein guter Überraschungseffekt ist alles – und: die Masse macht's. Mischa wartet also – auf den richtigen Moment und auf möglichst viele Opfer. Erst, wenn sich eine ordentliche Menschentraube hinter der Scheibe gebildet hat, tritt der Kater in Aktion. Mit der Wucht von rund 180 Kilogramm springt er mit einem Riesensatz und lautem Gebrüll gegen die Fensterscheibe. Aufgerichtet ist Mischa fast drei Meter groß. So steht er dann da, wirkt wie ein Tigerkostüm, in dem ein Mensch steckt, der Menschen erschrecken will. In dieser Haltung beobachtet Mischa sekundenlang, wie auf der anderen Seite verstörte Zweibeiner übereinanderpurzeln. Dann lässt er ab von der Scheibe und seinem Publikum.

Was die Zoobesucher verpassen, weil die Erwachsenen nun damit beschäftigt sind, verschreckte Kinder zu trösten und sich den Ketchup fallengelassener Würste von der Hose zu wischen, was also niemand sieht, weil ein jeder mit sich selbst beschäftigt ist: Wenn Mischa sich nach diesem Überraschungsangriff wieder seinem Gehege zuwendet, scheint eine gewisse Befriedigung über das sonst so unbeteiligte Tigergesicht zu huschen. Ja, man könnte fast meinen: Mischa lächelt.

Rhesusfaktor – negativ

August 2004. Eine ältere Dame lässt sich auf einer Bank nieder. Ein hochsommerlicher Tag, die Hitze fast unerträglich, hunderte Menschen schieben sich durch den Zoo. Vorbei an der sitzenden Dame und ihrem Proviantbeutel. Und keiner bemerkt das Tier, das sich leise durchs Gebüsch hangelt, bis es – zack! – nach der Bulette schnappt. Klassischer Mundraub! Früher gab es dafür die Freiheitsstrafe. Seit 1975 nicht mehr. Der aufgebrachten Dame bleiben nichts als ein riesiger Schreck und ein trockenes Brötchen.

Macaca mulatta – die Spezies der Rhesusaffen. Sie saßen einst gelangweilt auf deutschen Leierkästen, leben heute noch in indischen Tempelanlagen, spielen für Schausteller den Ulkvogel oder tänzeln artig im Wanderzirkus über Pferderücken. Und in ihrem Blut entdeckten Wissenschaftler den Rhesusfaktor – positiv oder negativ.

Die Kunde vom Bulettenklau verbreitet sich rasch im Zoo. Menschentrauben kleben nun vor dem Gehege. Jeder will dabei sein, wenn der Affe auf Beutezug geht. Freddy Kuschel, Bereichsleiter für die Asienabteilung, muss dem Affentheater ein Ende setzen. Mit freilaufenden Rhesusaffen ist nicht zu spaßen. Kaum auszudenken, wenn ein Kind mit dem ach so niedlichen Äffchen spielen wollte. Ein junges Weibchen, wie Freddy recht bald erfahren wird, eines der rangniedrigen Tiere. Rhesusaffen leben in großen Gruppen, straff organisiert. Der Affenboss, ein gut gebautes Mannsbild aus Gotha, hat im Leipziger Zoo das Sagen. Pubertäres Gehabe oder Aufsässigkeit duldet er nicht. Hat ihn das junge Weibchen provoziert? Freddy inspiziert die Truppe. Nichts passiert. Rhesusaffen beherrschen dieses Geduldsspiel perfekt. Das Fachmagazin *Current Biology* berichtet, dass sie dem Blick ihres Gegenübers folgen und dabei erkennen können, ob sie der Kontrahent beobachtet oder nicht. Und nicht nur das, sie können auch schlussfolgern, was der andere sieht, und handeln dementsprechend. In diesem Fall hocken sie brav auf ihren Bäumen, Freddy zuliebe. Der Beginn sozialer Kompetenz?

Freddy hat nicht die Ruhe, seine Studie vor dem Affengehege auszuweiten. Er geht auf Nummer sicher und schafft klare Fronten: mit einem Elektrozaun. Ein unbezwingbarer Stromwall. Die Affen juckt das scheinbar nicht. Betreiben ausgiebig Fellpflege, einer knabbert an den Resten eines Apfels. Wie zufällig streifen ihre Blicke dabei die angestrengten Handwerker, die sorgfältig dünne Stromdrähte um die Anlage ziehen. Noch eine wissenschaftliche Untersuchung, dieses Mal vom Max-Planck-Institut in Tübingen: Nicht nur der Mensch hat eine Mimik: Auch sein naher Verwandter, der Rhesusaffe, legt in vielen Momenten

Rhesusaffe

Verwandtschaft Meerkatzenverwandte

Heimat Von Steppen über Wälder bis zu Städten in Asien

Nahrung Wilde oder kultivierte Früchte, Beeren, Getreide, Blüten, Blätter, Sprosse, Wirbellose und kleinere Wirbeltiere

Besonderheiten Die Familienverbände bei Rhesusaffen können mit bis zu 180 Tieren eine enorme Größe erreichen. Bei beiden Geschlechtern ist eine dominante Hierarchie zu beobachten.

die passende Grimasse auf. War da bei einem Weibchen nicht gerade ein leichtes Grinsen zu sehen?

Das Lachen vergeht Freddy schon am nächsten Tag, als er von neuen unerlaubten Freigängen erfährt, trotz des Stromzaunes. Das junge Affenweibchen scheint Geschmack daran gefunden zu haben. Freddy zögert nicht lang und erteilt Stubenarrest. Die ganze Affensippe hinter Gittern, bei schnödem Gemüse, während draußen die Besucher locken. Potentielle Bulettenesser. Freddys Mitleid für die Affen hält sich in Grenzen. Strafe muss sein. Inzwischen leistet der Maurer ganze Arbeit, verstärkt, was zu verstärken ist, verschmiert jede Ritze. Keiner will sich noch länger zum Affen machen.

Und tatsächlich, die nächsten Wochen verlaufen ohne Zwischenfälle. Freddy geht wieder seiner regulären Arbeit nach. Bis zu jenem 5. Oktober. Es ist spät am Nachmittag, ein goldener Herbsttag. Erhobenen Hauptes sitzt die Ausreißerin auf der Außenmauer der Anlage! Reste einer Banane neben sich, provokativ ins Licht gesetzt. Wem hat sie diese Frucht geklaut? Und wie konnte sie sich über all die Strombarrieren hinwegsetzen? Als Freddy am Tatort erscheint, hat sich das dreiste Mädel längst wieder zu den anderen gesellt. Eine erneute Sippenhaft will sie nicht riskieren. Freddy steht ratlos vor der Mauer, auf der die Bananenschale braune Flecken ansetzt. Ihm ist schleierhaft, welche Fluchtwege die Ausbrecherin genutzt haben könnte. Detektivisches Ge-

spür ist gefragt. Sherlock Kuschel in Zivil, gut getarnt inmitten eines Busches. Diesmal will er es wissen. Freddy postiert sich. Freddy schaut, stiert. Freddy raucht. Unzählige Zigaretten hat er sich gedreht, die Beine in den Bauch gestanden. Stundenlang. Umsonst. Feierabend. Und dann, kaum hat er ihr den Rücken zugedreht, rutscht das Affenmädel geschwind von seinem Baum. Hangelt sich geschickt an den Stromzäunen vorbei und steigt … potzblitz … in den Wassergraben. Sie schwimmt, ja, sie krault sich in die Freiheit. Eine wilde Mischung, gekraulter Bruststil. Selbst tauchen kann sie. Die Fachbücher verraten: Rhesusaffen sind kein bisschen wasserscheu. Bevölkern mit Vorliebe Badeteiche an indischen Tempeln, die eigentlich den Reinigungszeremonien der Gläubigen vorbehalten sind. Hinduisten vergöttern die Affen. Freddy hat seinen Glauben verloren. Seit zwei Monaten setzt sich die Affen-

dame über Mauern, Strom, Wassergräben und Verbote hinweg. Sieben Ausbrüche! Des guten Rufes wegen wird noch einmal der Maurermeister bestellt. Der kreiert ein massives Mauerwerk. Fort Knox. Ein letzter, verzweifelter Versuch. Und dann passiert etwas Unerwartetes. Nämlich gar nichts! Freddy hat sein Ohr überall, doch niemand redet mehr über einen entlaufenen Rhesusaffen. Was kann das nur bedeuten?

Das Mädchen ist trächtig. Hat seine pubertäre Zeit überstanden, das Herz des Affenbosses erobert. Damit steigt ihr Ansehen beträchtlich, im Affenhaus herrscht nun Frieden. Freddy strahlt. Noch ahnt er nicht, dass ein Jahr später erneut ein Rhesusaffe über die Mauer springen wird. Wieder ist es einer der Jüngeren. Äfft der kleine Bruder die Schwester nach? Und Freddy? Der bleibt gelassen. Eine Frage der Zeit, sagt er und macht einen großen Bogen um die Affenanlage.

Die Zoo-Störchin und der Fremde – eine Liebesgeschichte

Wenn da unten nur nicht so viele Menschen wären! Er wäre schon längst auf einen Besuch bei ihr vorbeigeflogen. Aber warum kam sie auch nicht zu ihm in die Baumkrone? Er hätte ihr viel zu bieten: unmittelbare Nähe zum See, eine grandiose Aussicht über den Zoo und nette Nachbarn. Auch die wilden Graureiher hatten sich in der großen Weide am Zooteich angesiedelt. Also, was hielt sie noch? Oder lag es etwa an ihm?

Was der junge, stattliche Wildstorch nicht wusste: Die Storchendame beobachtete ihn schon länger: Was wollte dieser schmucke Mann eigentlich hier im Zoo? Hatte er keine Frau da draußen? Nur zu gern hätte sie sich ihn einmal aus der Nähe angesehen. Doch das war nicht möglich, sie konnte nicht fliegen. Wie bei sich frei bewegenden Zoovögeln üblich, waren ihre Flügelfedern gestutzt. Das hatte nicht wehgetan, sie wuchsen auch wieder nach. Aber bis auf ein paar kleine Hopser war sie absolut flugunfähig. Bisher hatte sie das nicht gestört. Ihr fehlte es an nichts. Pfleger Dieter Georgi gab ihr Futter und einen Storchenmann hatte sie auch gehabt – auch er konnte nicht fliegen. Das hatte Vor- und Nachteile. Er war immer da, wenn's ums Brüten ging. Aber er war eben auch eine leichte Beute für den Fuchs. So stand die Störchin vor gut einem Jahr plötzlich als Witwe da.

Von all dem hatte der junge Wildstorch in der großen Weide am Zooteich keine Ahnung. Alles, was er sah, war eine attraktive Storchendame. Seit Tagen schon hatte er versucht, ihre Aufmerksamkeit auf sich zu lenken. Etwas unsicher, ja geradezu verschämt hatte er den Kopf in den Nacken gelegt und erst leise, dann immer lauter zu klappern begonnen. Und jetzt kam er ein ums andere Mal mit großen Zweigen von seinen Ausflügen zurück und begann oben in der Weide ein Nest zu bauen. Eindeutige Zeichen: Ihm war es ernst. Die Storchendame zeigte sich beeindruckt – und klapperte zurück. So klapperten sie um die Wette, er in seiner Astgabel hoch über dem Zooteich, sie, ihm zu Füßen, in ihrem Gehege auf einem kleinen, bescheidenen Baumstumpf.

Dem Storchenmann behagte der Trubel im Zoo gar nicht. Wie gern wäre er mit seiner Angebeteten allein gewesen! Aber gerade im Frühling wuchs die Besucherschar mit jedem Tag. Nach drei, vier Tagen wagte sich der Storch schließlich in den frühen Morgenstunden, noch bevor die Tore des Zoos für die Besucher öffneten, zu seiner Verehrten hinunter. Nur Dieter war zu dieser Zeit schon in der Nähe. Was gaben die Schöne aus dem Zoo und der wilde Fremde für ein wundervolles Paar ab! Doch als Dieter seiner Neugier nachgab und sich zu weit aus der Deckung wagte, stieg der Fremde mit ein paar kräftigen Flügelschlägen auf und zog sich auf seinen Baum zurück.

Fortan zog der Wildstorch immer wieder aus, um neues, besseres Nist-material für das gemeinsame Nest hoch oben in der Weide zu sammeln. Irritierend war nur, dass die Störchin ihrerseits begann, ihre Parterre-Wohnung aufzumöbeln. Sie putzte hier und schmückte dort und ihre Begeisterung war kaum zu bremsen. Aber wo sollte das hinführen? Eines Tages würden sie sich entscheiden müssen: zu ihm oder zu ihr? Glücklicherweise kam Dieter, der für seinen Einfallsreichtum in Sachen ›Paar-Stimulation‹ bekannt ist, eine Idee. Mit reichlich Leckerbissen würde er den Wildstorch vom Baum locken. Immer wieder ging er frühmorgens mit reichlich Fisch zum Storchengehege. Der Fisch duftete zum Himmel und die letzten Bedenken des Wildstorchs gegenüber dem Getümmel im Zoo schwanden dahin. Wild klappernd, schnäbelnd, turtelnd und schmausend gab sich das neue Storchenpaar den körperlichen und kulinarischen Freuden hin. Dass sie immer öfter den Fisch mit den gefräßigen Nachbarn, den Graureihern, teilen mussten, haben sie im Liebestaumel wohl nicht einmal bemerkt.

Kurze Zeit später staunte Dieter über vier Eier im Nest seiner Störchin. Doch die größte Hürde stand noch bevor: Würde der wilde Geselle auch einen guten Vater abgeben? Würde er sich am Brutgeschäft und später an der Aufzucht beteiligen? In den ersten Tagen lösten sich Storch und Störchin regelmäßig beim Brüten ab. Für ihn waren die Sitzungen auf dem Nest ein ungewohntes und anstrengendes Geschäft. Besonders die unablässig fotografierenden Menschen wurden ihm lästig. Bei aller Liebe – er brauchte seine Auszeiten, seine kleinen Freiheiten. Dort oben, am Himmel überm Zoo oder allein in seiner Junggesellenwohnung, holte er sich Kraft und Gelassenheit für die zukünftigen Aufgaben in der neuen Familie. Anders als bei ihrem ersten Mann

musste die Störchin sich keine Sorgen machen – der Fuchs konnte dem Wildstorch nichts anhaben. Aber wenn der zukünftige Papa etwas weniger freiheitsliebend gewesen wäre, hätte er vielleicht noch etwas retten können. Nun war es zu spät. Zwei der vier Eier waren in der Nacht vom Fuchs aus dem Nest geraubt worden.

Die Trauer war jedoch schnell vergessen. Gleichzeitig war ein gesundes, kräftiges Storchenbaby aus einem der restlichen zwei Eier geschlüpft. Das hatte es im Zoo noch nie gegeben: Ein Wildvogel tut sich mit einer Zoo-Störchin zusammen und züchtet Nachwuchs. Kaum hatte sich der Kleine aus dem Ei gepellt, kümmerten sich Mutter und Vater

rührend um sein Wohl. Doch auch dieses Glück endete jäh. Die erste Nacht auf Erden sollte zugleich die letzte für das Storchenbaby sein. Denn der Fuchs kam zurück und holte es samt dem letzten verbliebenen Ei. Der Wildstorch war außer sich, in seinem Nest in der Baumkrone wäre das nie passiert. Er stieß sich ab, flog hoch hinauf in den Leipziger Himmel und verschwand. Vielleicht hatte er gehofft, dass seine Störchin ihm folgen würde. Er konnte ja immer noch nicht wissen, dass dies nicht ging. Aber vielleicht findet der Wildstorch auch nächstes Jahr wieder den Weg in den Leipziger Zoo und die Störchin und der Fremde versuchen es noch einmal miteinander.

Wenn bei Königsgeiern Liebe nur ein Wort ist

Die beiden könnten zueinander gehören und würden mit ihrem schwarzen Federkleid und dem bunten Kopfschmuck ein schönes Paar abgeben: Die Dame auf dem hohen Ast, majestätisch, distanziert. Der schmächtige Jüngling etwas weiter unten, so weit wie nur möglich von ihr entfernt. Auf einem Zweig zwischen ihnen: eine frisch geschlachtete Ratte. Kein Liebesmahl. Denn die beiden Königsgeier interessieren sich nicht füreinander. Das Einzige, was hier lockt, ist der schmackhafte Nager-Braten. Und die Frage, wer ihn gleich verspeisen wird. Aber eigentlich ist auch das schon geklärt: Frau Königsgeier hat die Hosen an, der Kerl muss nehmen, was übrig bleibt. Falls da noch was übrig bleibt.

Der Geiermann und die Geierdame sind das unsinnlichste Paar des ganzen Zoos. Das liegt an dem zu großen Altersunterschied: sie, mit siebenundzwanzig Jahren im besten Geieralter, er, fünfundzwanzig Jahre jünger. Und nun?

Nun schnappt sich die reife Geierfrau die Ratte, würdigt den Jüngling keines Blickes und verspeist den Leckerbissen mit Haut und Haar. Sie steht eben nicht auf junges Gemüse. Zum Glück hat der Geier-Jungspund einen Freund: Tierpfleger Hubertus Schmuck, kurz: Schmucki. Ohne ihn würde der Magen des Geierknaben öfter mal gehörig knurren. Aber Schmucki hat ein Herz für den Grünschnabel, legt immer mehr Ratten hin, als die Geierdame verspeisen kann. Und so bleibt auch für den jungen Mann etwas übrig. Hungern muss bei Schmucki niemand. Doch für große Gefühle ist der kleine Geier noch zu grün hinter den Ohren. Liebe ist für ihn bislang nur ein Wort, wenn überhaupt. Königsgeier kommen erst mit fünf bis sieben Jahren ins geschlechtsreife Alter. Davon ist der Newcomer weit entfernt. Und somit völlig uninteressant für die lebens- und liebeserfahrene Geierdame.

Sie quittiert seine Unwissenheit mit einer Mischung aus Ignoranz und Hochmut. Und er? Hat sich im Lauf der Zeit mit Schmucki angefreundet. Vielleicht aus Dankbarkeit für die Ratten-Extraportionen, vielleicht aber auch aus Sehnsucht nach ein bisschen Liebe ist der kleine Geier zahm geworden. Er frisst Schmucki aus der Hand – und nicht nur das: Betritt der Pfleger das Gehege, so rückt der Geier auf seinem Ast ganz dicht heran, bis die beiden sich Auge in Auge gegenüberstehen. Und dann wird ausgiebig gekrault und gestreichelt. Ein ungewöhnliches Bild, wenn man bedenkt, dass Geier normalerweise gern mal mit ihrem kräftigen Schnabel zuhacken. Schmucki und seine Nase leben gefährlich, meint man. Doch der kleine Geier und sein Pfleger wissen, was sie tun – und auch, was sie aneinander haben –, eine echte Männerfreundschaft. Die wurde eines Tages auf eine harte Probe gestellt: Alles sah aus wie immer, Schmucki betrat die Voliere und ohne zu zögern hüpfte der

Königsgeier

Verwandtschaft Wie der Kondor ein Neuweltgeier

Heimat Bewohnt vorzugsweise den dicht bewachsenen Regenwald von Mexiko über Mittel- und Südamerika bis Nordargentinien und Uruguay

Nahrung Aas, kleinere Säugetiere, Vögel

Besonderheiten Der Königsgeier ist der farblich schönste unter den 7 Arten der Neuweltgeier. Das Gefieder der Altvögel ist erst mit der Geschlechtsreife nach 5–7 Jahren voll ausgebildet.

Geier ihm auf seinem Baumstamm entgegen. Doch plötzlich packte die sonst so wohlmeinende Hand zu: Ehe er sich's versah, lag der Vogel auf dem Rücken auf einem Tisch und Tierarzt Professor Klaus Eulenberger nahm ihm Blut ab. Was für eine Pleite! Doch was so grob aussah, war gut gemeint: Der kleine Geier wurde einem Gesundheitscheck unterzogen. Eine große Reise stand bevor: Südafrika! Dort sollte der junge Spund in einer Gruppe mit Gleichaltrigen sein Glück finden. Denn ein pubertärer Geier und eine Dame in den besten Jahren, das konnte auf Dauer nicht gut gehen. Nachwuchs jedenfalls war unter diesen Umständen nicht zu erwarten. Als der Tag der Abreise kam, hieß es Abschied nehmen für Vogel und Pfleger. In einer Kiste, gepolstert mit Holzspänen, wurde der Kleine auf die lange Reise geschickt.

Die Geierdame würdigte das Ganze keines Blickes. Sie sah auch nicht so aus, als würde der Verlust des unbedarften Geiers sie sonderlich schmerzen. Und schon wenige Wochen später kam eine ähnliche Kiste im Leipziger Zoo an: ein neuer Geiermann für die reife Dame. Und was für einer! Ein feuriger Italiener. Und dazu im richtigen Alter: neun Jahre und damit geschlechtsreif. Seitdem der Veroneser in Leipzig wohnt, umweht ein Hauch von Sinnlichkeit und Amore das Geiergehege. Die Geierdame schaut nicht mehr ganz so hochmütig. Und bei den gemeinsamen Mahlzeiten hat sich auch etwas geändert: Mundraub gibt es nicht mehr. Die Ratten werden nun ehrlich miteinander geteilt. Im Winter ist Paarungszeit. Dann wird sich herausstellen, ob bei dem neuen Leipziger Geierpaar Liebe vielleicht mehr als nur ein Wort ist.

Graumull Nr. 10 – aus den Augen, aus dem Sinn?

Warum behauptet eigentlich alle Welt, ein Graumull sei hässlich? Gut, der Anblick ist gewöhnungsbedürftig. Aber zu behaupten, er sähe aus wie ein rasendes Würstchen mit Fell, das ist wirklich gemein. Graumull Nr. 10 war vor Monaten noch ein äußerst respektabler Nager: Ein Fell wie ein Zuchtnerz. Zwei kleine, aber äußerst lebhafte braune Augen. Die beachtlichen, vorstehenden Schneidezähne und die meist nach oben gereckte, stets witternde kleine Schweinsnase verliehen seinem Äußeren etwas Keckes. Aber nun war alles anders. Um es überspitzt zu formulieren: Mit seinem räudigen Fell erinnerte Graumull Nr. 10 stark an eine geplatzte Thüringer Bratwurst. Das ist zwar nicht nett gesagt, aber durchaus mitfühlend gemeint. Nr. 10 hatte eine harte Zeit hinter sich. Im zehnköpfigen Staate der Leipziger Graumulle war er der Letzte im Bunde, einer von denen, die immer nur arbeiten mussten. Spaß am Leben hatten andere: die Königin und ihre zwei auserwählten Boytoys. Kein Wunder, dass das Rackern und

Schuften bei ihm mit den Jahren Spuren hinterließ. Als Erstes fielen seinem Pfleger Marco Mehner die geschundenen Füße auf – bei der Arbeit unter Tage wund gegraben. Und auch die neun Kollegen waren an den Schandmalen nicht unschuldig. Immer wieder hatten sie ihn kreuz und quer durch den ganzen Bau gehetzt.

Bei dieser Belastung kommt die arbeitende Bevölkerung unter den Graumullen im Durchschnitt gerade mal auf vier Lebensjahre. Ganz im Gegensatz zur Mull-Oma und ehemaligen Königin der Leipziger Kompanie. Sie ist schon stolze fünfzehn Jahre alt. Für solch einen kleinen Nager ein erstaunliches Alter. Ihr Rezept: faulenzen, wenn man vom Kinderkriegen mal absieht. Wer je behauptet hat, regelmäßige Bewegung sorge für ein langes Leben, wird von der Mull-Oma Lügen gestraft. Im Vergleich zu Nummer 10 sieht sie aus wie das blühende Leben – das Fell gepflegt und die Füße makellos.

Mulle leben – wie Bienen und Ameisen – in einem Sozialstaat. Ihre Gesellschaft besteht aus einer Königin, deren zwei, drei Günstlingen und den gemeinsamen Nachkommen. Letztere müssen wie Nummer 10 rackern und rotieren. Nur die Königin, ihre Auserwählten und – im Leipziger Fall – die Mull-Oma dürfen sich am Dolce far niente erfreuen.

Damit die Arbeitermulle nicht auf die Idee kommen, sich das Leben zu versüßen, indem sie sich mit ihren Geschwistern zusammentun und munter kleine Inzestmullbabys in die Welt setzen, hat die Natur einen Riegel vor solcherlei Begehr geschoben. Mullmänner kommen im Gegensatz zu anderen Tieren gar nicht erst auf den Gedanken, mit ihren Schwestern etwas anzufangen. Klar, dass so die ganze Verantwortung für den Fortbestand der Gesellschaft bei der Königin und ihrem Clan liegt. Die aber hatten sich in Leipzig ein wenig zu viel dem süßen

Graumull

Verwandtschaft
Sandgräber

Heimat Im Südosten Afrikas [Sambia, Namibia, Kalahari]

Nahrung Pflanzenwurzeln und Zwiebeln

Besonderheiten Obwohl die Graumulle unterirdisch leben, besitzen sie normal entwickelte Augen, die einen hohen Anteil an blauempfindlichen Sehzellen haben. Wahrscheinlich verlassen die Tiere nachts die Bauten.

Nichtstun hingegeben und die königlichen Pflichten vernachlässigt: von Nachwuchs keine Spur. Vielleicht waren die Oberhäupter von den vielen Umzügen oder den vielen Besuchern vor ihrer jetzigen Behausung im Giraffenhaus gestresst?

Eines Tages kam Marco eine Idee, wie man sowohl für die lang ersehnten Nachkommen sorgen als auch Mullmann Nr. 10 zu Ansehen und Einfluss verhelfen konnte. Er schickte den Gehetzten zur Kur. In einem eigenen, kaninchenstallgroßen Käfig sollte das lädierte Männchen mit reichlich Ruhe und Vitaminen wieder aufgepäppelt werden. Und das würde, so hoffte Marco, auch das Nachwuchsproblem der Mullgesellschaft lösen. Mulle haben ein extrem schlechtes Erinnerungsvermögen oder positiv formuliert: Mulle besitzen ein ausgeprägtes Kurzzeitgedächtnis. Dieses sollte endlich mal für etwas gut sein. Marco wollte Nummer 10 so lange getrennt von den anderen halten, bis diese ihn einfach vergessen hatten. Aus den Augen, aus dem Sinn! Kehrte er dann in die Gruppe zurück, betrachteten die anderen ihn vielleicht als jungen, starken und dominanten Kerl. Und die Königin? Der könnte ihr schlechtes Gedächtnis unverhofft einen attraktiven und potenten Stammerhalter bescheren. Der Geprügelte wurde zum Hoffnungsträger für den Mullstaat.

Während Nummer 10 sich hinter den Kulissen gesund pflegen ließ und dem Gedächtnisschwund der Königin entgegensah, begann sich bei der Mull-Oma das Alter bemerkbar zu machen. Sie wurde schwach, langsam und apathisch. Häufig kam sie beim Fressen zu kurz. Hatte sie es endlich an den Futternapf geschafft, war längst alles weggefressen. Dann kehrte Nummer 10 von der Kur zurück. Er fand seinen alten Staat verändert vor. Die Kollegen waren plötzlich freundlich. Keine Spur mehr von Stress oder Hetzjagden. Marcos Strategie war offensichtlich aufgegangen. Ob sie sich wirklich nicht mehr an ihn erinnern konnten? Erinnerte er sich überhaupt noch an sie? Die greise Mull-Oma interessierte sich inzwischen für gar nichts mehr. Das nahm der Heimkehrer unbeeindruckt zur Kenntnis. Irritiert zeigte er sich nur, als sie sich abends zum Schlafen in den Futternapf legte. Den Grund konnte Nummer 10 nicht ahnen: Nur so war sie morgens die Erste beim Frühstück. Wie die Königin auf Nummer 10 reagiert hat? Man weiß es nicht. Tatsache ist aber: Kurz nach der Rückkehr von Nummer 10 konnten der Mullstaat und Marco sich über Nager-Nachwuchs freuen. Lang ersehnte kleine, gesunde Mullbabys: nerzartiges Fell, lebhafte braune Augen, massige Schneidezähne und eine Schweinsnase. Wer der Vater ist? Nummer 10 schweigt.

Mähnenwölfin Luzie – Biografie einer Diva

Geblieben ist Jörg Gräser nur ein Foto. Ein zierlicher Körper, schlanke lange Beine, braunes Fell vor dem dichten Grün der umstehenden Sträucher. Unter dem Bild steht: »Luzie geht – für immer«. Noch heute, gut zwei Jahre nach Luzies Tod, fällt es Jörg schwer, über die letzten Wochen seines Schützlings zu sprechen. Das Verhältnis zu der Mähnenwölfin war viel mehr als nur das zwischen einem Pfleger und einem Tier. Vierzehn Jahre haben sie zusammen verbracht, das verbindet – ließ ihn mehr Begleiter als Pfleger sein.

Luzie war die *Grande Dame* des Leipziger Zoos: Ihr eleganter, schwebender Gang und ihre grazile Erscheinung verliehen ihr auch – und vielleicht besonders – im Alter die Aura einer Stummfilmdiva. Die Fans standen sprichwörtlich Schlange, um einen Blick auf sie zu werfen. Ob im Zoo oder außerhalb, Luzie hatte überall Verehrer. Ihr wohl größter Bewunderer kam zeit ihres Lebens jeden Montag in den Zoo, um der Wölfin kleine Geschenke zu machen. Doch er brachte ihr nicht wie all die anderen Alltagskost wie Ratten, Küken oder Meerschweinchen. Nein, er reichte ihr Pralinen. Und in diesen Momenten vergaß Luzie jede Grandezza und verschlang die kleinen Aufmerksamkeiten so gierig wie ein gewöhnlicher Mähnenwolf.

Ihren Bewunderern gegenüber gab Luzie sich stets generös: Regelmäßig empfing sie Besuch in ihrem großzügigen Zuhause. Für die Auserwählten war es der Höhepunkt der Audienz, wenn sich ihnen die Gelegenheit bot, die Wölfin zu berühren. Luzie schien diese Freundschaftsbekundungen durchaus zu genießen. Angst vor Nähe kannte sie nicht. Auch nicht, wenn sie jemanden nicht mochte. Dann kam sie im Stechschritt mit gesenktem Kopf und gesträubtem Haar auf ihn zu, rückte ihm mehr und mehr auf die Pelle und vertrieb ihn so eindrucksvoll von ihrem Anwesen.

Luzies Leben schien in diesen Jahren in bester Ordnung. Doch über ihrem Privatleben lag ein dunkler Schatten. Obwohl sie mit ihrem Mann Schlappi jedes Jahr Nachwuchs hatte, konnte sie nur die Jungen von zwei Würfen großziehen. Alle anderen starben noch in den ersten Monaten. Manche behaupten, sie habe geahnt, dass ihre Kinder krank gewesen wären, und sich deshalb nicht weiter um sie gekümmert. Dafür spricht ein Erlebnis, an das Jörg sich noch gut erinnert: Luzie

hatte Fünflinge geworfen. Als der Tierpfleger morgens in den Stall kam, waren zwei von ihnen stark unterkühlt. Er nahm sie an sich, steckte sie in die Jackentasche, um sie zu wärmen und so vor dem Tod zu bewahren. Doch Luzie trat an ihn heran und zog mit ihrer Schnauze beide Jungtiere wieder aus der Tasche. Fast so, als wollte sie ihm sagen: Es hat doch keinen Zweck.

Manche behaupten allerdings auch, Luzie habe einfach keine Lust gehabt, Mutter zu spielen. Zwar erledigte sie ihre Pflichten und säugte ihren Nachwuchs. Den Rest aber überließ sie Schlappi. So als sähe sie ihren Platz eher im Scheinwerferlicht, im Fokus der Besucherkameras.

Immer wieder verließ sie Heim und Herd, um vorne am Zaun vor den Fotografen zu posieren. »Sie geht wieder auf Schwof«, pflegte Jörg in solchen Momenten zu sagen. Die Mutterrolle allein war Luzie ganz offensichtlich zu wenig.

Das Gefühl, etwas Besonderes zu sein, wurde Luzie quasi in die Wiege gelegt. Schon als Säugling genoss sie die besondere Aufmerksamkeit ihrer Pfleger. Als sie gerade drei Wochen alt war, starb ihre Mutter. So wurden zwei Tierpflegerinnen und Jörg zu ihren Ersatzeltern. Alle vier Stunden gaben sie der kleinen Luzie die Flasche – rund um die Uhr. Und alles tanzte nach ihrer Pfeife. Luzie wusste eben schon immer, wie

man Menschen in den Bann ziehen kann. Doch aller Starrummel, alles Scheinwerferlicht, alle Bewunderung – all das ist vergänglich. Als im hohen Alter Luzies Augen trüber, die Pupillen größer und das Fell stumpfer wurden, wusste Jörg, dass auch der Mähnenwölfin diese Erfahrung nicht erspart bleiben würde. Wenig später zeichnete sich eine tennisballgroße Beule auf ihrem Rücken ab. Zuerst dachten alle an eine Eiterbeule, eine kleine Risswunde unter dem Fell, die sich entzündet hatte. Doch als die Schwellung herausgeschnitten wurde, war schnell

klar: Das ist kein Eiter – Luzie hat Krebs. Wenige Wochen nach dieser Diagnose war Luzie tot. Während einer Notoperation entschieden die Ärzte, die betagte Mähnenwölfin zu erlösen. Sie war nicht mehr zu retten.

Als Luzie starb, trauerte der Zoo. Und ihre Verehrer. Waschkörbeweise gingen Beileidsschreiben und Geschenke bei Jörg ein. Darunter ein Foto, auf dem Luzie in einem Blätterwald verschwindet: Luzie ist gegangen – für immer.

Seebärbulle Danny, ein wahrer Schwerenöter

Wer Danny das erste Mal sieht, wenn er sich auf den Weg zur obligatorischen Gewichtskontrolle macht, der ist zunächst von seiner Masse beeindruckt: Laut schnaufend robbt und wälzt sich der stattliche Seebärbulle auf die Waage, deren Zeiger wild ausschlägt. Danny wiegt fünfhundert Pfund, ist rund und gesund.

Kein Wunder, denn Danny hat ein lockeres Leben im Leipziger Zoo: Seine Tierpflegerinnen Franka Friedel und Corina Wirth servieren ihm jeden Tag pünktlich und zuvorkommend eimerweise Hering. Sein Schwimmbecken ist so lang, dass der Seebärbulle kilometerlange Strecken darin zurücklegen kann. Er muss nur ab und an eine Wende einlegen. Und wie seine Artgenossen an der Küste vor Namibia und Südafrika hält sich auch Seebärbulle Danny einen Harem: Vier Seebärfrauen kann er sein Eigen nennen, eine schöner als die andere.

Danny mag Frauen. Seinen Seebärdamen zeigt er dies regelmäßig im Frühjahr. Ist er den größten Teil des Jahres eher ein gemütlicher Zeitgenosse, der auf einem Stein am Rande des Beckens ruht, ab und an ein Bad nimmt und sich so häufig wie nur möglich die Sonne auf den Bauch scheinen lässt – im Frühjahr, wenn Danny Schmetterlinge im Bauch hat, dann wird er zutraulich. Um nicht zu sagen: aufdringlich.

Dann will Danny sie alle haben, alle seine Frauen. Die wissen sich manchmal schon gar nicht mehr zu helfen, so liebesbedürftig ist er. Franka und Corina müssen eingreifen – schon aus Solidarität unter Frauen. Sie bauen den Seebärendamen einen so genannten Hochzeitsgang. Der bewirkt allerdings nicht, was der Name vermuten lässt, ganz im Gegenteil: In eine Holzplatte haben die Pflegerinnen ein Loch sägen lassen, durch das die dünnen Damen, nicht aber der dicke, liebestolle Danny passen. Haben die Haremsfrauen genug von den Zudringlichkeiten des Schwerenöters, so schlüpfen sie schnell durch das Loch in einen separaten Raum und können sich dort erholen. Danny, der ihnen im Liebesrausch folgen möchte, bleibt einfach stecken. So ist des einen Leid des anderen Freud.

Nun soll niemand glauben, dass der arme Danny immer nur in die Röhre schaut. Der Seebärbulle kommt oft genug zum Zug, hat in seinen neun Lebensjahren schon sieben kleine Seebären gezeugt. Dafür musste er früh anfangen. In der freien Natur sind Seebärbullen erst mit zehn Jahren kräftig genug, sich gegen Konkurrenten durchzusetzen und fortzupflanzen. Danny hingegen zeugte sein erstes Kind bereits mit drei Jahren, im besten Seebären-Teenager-Alter. »Früher hatten die Kinder Rotznasen, jetzt haben die Rotznasen Kinder«, konstatierte Franka damals treffend.

Franka und Corina bekommen es übrigens auch zu spüren, wenn bei Danny die Frühlingsgefühle überhand nehmen. Aus dem freundlichen

---

Südafrikanischer Seebär

Verwandtschaft Als größte Seebärenart zu den Ohrenrobben gehörend

Heimat In den Gewässern Südafrikas und Namibias

Nahrung Mittelgroße Schwarmfische [z.B. Heringe], aber auch Kalmare und Schalentiere

Besonderheiten Auf traditionellen Wurf- und Paarungsplätzen wird im November | Dezember ein 5–6 kg schweres und ca. 70 cm langes Junges geboren. Nur eine Woche nach der Niederkunft werden die ›Kühe‹ wieder brünstig und von dem Haremsbullen gedeckt.

Seebärbullen wird dann nämlich ein äußerst anhänglicher Bursche, auch, was seine Pflegerinnen angeht. Können sie den Rest des Jahres unbehelligt die Anlage betreten und ihre Tiere füttern, so sollten sie das tunlichst vermeiden, wenn Danny der Heißhunger auf Frauen übermannt. Der Bulle scheint noch nicht genau zu wissen, ob er die beiden dann eher als Mitglied seines Harems oder als Konkurrentinnen betrachten soll. Fakt aber ist, dass er ihnen mächtig auf die Pelle rückt, sich regelrecht an sie schmiegt. Für Franka und Corina das sichere Zeichen, dass es Zeit ist, schleunigst den Rückzug anzutreten und bis zum Ende von Dannys erotischen Anwandlungen die Anlage zu meiden. Denn beides könnte unangenehm werden, sowohl als Konkurrentin angesehen als auch als Haremsdame eingestuft zu werden.

Den Rest des Jahres aber ist Danny ein äußerst lieber, kuscheliger Seebär. Das zeigt sich schon an seiner zärtlichen Kuss-Technik. Wie viele Zoo-Seebären trainieren auch die Leipziger mit ihren Pflegerinnen

und haben dabei ganz eigene Fähigkeiten entwickelt: Wassi winkt, Lippi ruft, Whiskey kann sogar durch einen Reifen springen. Und die gesamte Bande gibt ihren Pflegerinnen begeistert Küsschen. Schließlich lockt zur Belohnung ein Hering. Doch im Gegensatz zu den Frauen, bei denen es richtig schmatzt, wenn sie ihre Mäuler auf die Backen der Pflegerinnen drücken, mimt Danny ganz den Kavalier: Seine Küsse sind vorsichtig dahingehaucht. Mehr nicht. Viel Feingefühl für einen Vierteltonner!

Noch weiß Danny nicht, dass er seinen Pflegerinnen kräftemäßig haushoch überlegen ist. Bis jetzt nickt er brav mit dem Kopf, wenn Franka ihn etwas fragt, und sperrt auf Befehl sein Maul zur Zahnkontrolle auf. Doch wenn Danny eines Tages herausfinden sollte, dass man mit diesen Zähnen auch noch etwas anderes als Fisch beißen kann, dann könnte es gefährlich werden. Bis jetzt sieht es aber nicht danach aus. Denn Danny mag Frauen. Seine Seebärinnen – und seine Pflegerinnen ebenso.

Zivi Bernd – ein echt sozialer Typ

Pavian sein – und das ganz unten in der Hierarchie – ist ganz schön anstrengend. Bernd kann ein Lied davon singen, oder gleich mehrere. Seit Jahren ist er so weit unten, wie es nur geht. Er ist Letzter in der Rangliste der männlichen Paviane des Leipziger Zoos. Kuno, Gunther, Karlson und Gerd, die anderen vier, sind über ihm. Das ist ungefähr so, als ob man beim Sport immer als Letzter gewählt wird, der Klassendepp ist, eine Spange trägt und gleichzeitig auch noch schlecht ist in Mathe. Für einen Pavian-

Loser wie Bernd bedeutet das: Abhauen ist überlebenswichtig. Bernd hat ein feines Gespür dafür entwickelt, wann es Stress gibt.

Und den gibt es oft. Und immer, wirklich immer, geht er von den Weibern aus. Die bekommen sich wegen irgendeiner Kleinigkeit in die Wolle und fangen an, die Männer gegeneinander aufzuhetzen. Sie schreien, die Männer meinen, es sei was passiert und sie müssten ihre Männlichkeit beweisen. Ein Mann muss tun, was ein Mann tun muss! Und was muss ein Mann in so einem Fall tun? Dem Schwächsten eine mitgeben: Bernd!

Meist überträgt sich der Stress unter den Weibern zuerst auf Kuno. Wenn der sowieso schon einen Pavianpups quer sitzen hat, geht es los. Irgendjemand kommt ihm zu nah, guckt ihn schräg an, ist nur da oder eben auch nicht, und dann rastet Kuno aus. Sein Problem. Er zankt sich mit Gunther, dem bisherigen Alphatier, um die Pavian-Pole-Position. Die dabei geltende Währung: die Anzahl der Frauen. Der derzeitige Stand: Gunther hat sechs, Kuno nur vier, aber von denen ist eine sehr jung und gebärfreudig, was viel zählt in der Pavianmännerwelt. Findet Kuno auch und denkt, er hat deshalb Platz eins verdient. Und wie kann man das am besten beweisen? Bernd zusammenkloppen!

Immer gegen den Uhrzeigersinn scheucht Kuno dann die ganze Pavianbande vor sich her. Gegen den Uhrzeigersinn, wohlgemerkt. Da darf man keine Fehler machen. Das musste Bernd schmerzhaft lernen. Einmal hatte er sich vertan und sein Fluchtinstinkt führte zu einem ungewollten Showdown zwischen Kuno und ihm. Bernd war aus Versehen mit dem Uhrzeigersinn losgerannt. Der Rest sei verschwiegen. Seitdem scheint Kuno ihn auf dem Kieker zu haben. Besonders wenn das Fressen verteilt wird. Dann ist Alarm angesagt. Bernds Stra-

Mantelpavian

Verwandtschaft Meerkatzenartige

Heimat Felsige Trockengebiete Ostäthiopiens, Nordsomalias und der Südwestspitze Arabiens

Nahrung Früchte, Knospen, zarte Schösslinge, Knollen, Wurzeln, aber auch Wirbellose, besonders Insekten, kleine Wirbeltiere, vereinzelt sogar andere Affen und junge Großsäuger

Besonderheiten Mantelpaviane leben in großen Horden mit mehreren haremsartigen Familien, bestehend aus je einem Männchen, bis zu 9 Weibchen und deren Jungen.

tegie, der tägliche Zwei-Stufen-Plan. Erstens: überhaupt etwas abbekommen. Das ist schon schwierig genug, denn die anderen Männer sorgen dafür, dass erst mal sie etwas bekommen und die Frauen, die in ihrer Nähe sind. Also muss Bernd gucken, dass keiner guckt. Und zweitens: Zeit zum Essen haben. Am fiesesten ist, na klar, Kuno. Der sichert sich nicht nur die besten Stücke, sondern scheint dabei auch noch ein Auge für den Nebenmann zu haben. Das ›Ich viel‹ ist ihm genauso wichtig wie das ›Du wenig‹, was für Bernd, der natürlich nach

demselben Prinzip, nur nicht so weit oben, operiert, bedeutet: Bloß
weg, wenn Kuno kommt!
Bernd ist halt eher der peacige Typ. Das Drohgähnen der Mantelpaviane, so eine Art Präsentation der Waffen, hat Bernd nicht drauf. Anstatt seine Beißerchen, die – nebenbei bemerkt – gar nicht so unan-
sehnlich sind, den männlichen Konkurrenten in aller Deutlichkeit zu
offenbaren, hält Bernd die Hand vor den Mund. Höflich, aber dämlich,
denn so werden die anderen nie erfahren, dass Bernd auch könnte,

wenn er denn nur wollte. Er will aber nicht, im Gegensatz zu Kuno. Dabei ist der, verglichen mit dem vorherigen Haudegen der Truppe, Erwin, noch ein Waisenknabe. Erwin, ›ein echter Stinkstiefel‹ [Pflegermund tut Wahrheit kund], war einfach immer auf Randale aus. Eines Tages will er den damals noch unangefochtenen Chef der Truppe, Gunther, angreifen. Leider steht Bernd gerade daneben, und was macht Gunther? Er packt Bernd und hält ihn wie ein Schutzschild vor sich. Erwin schlägt zu, will Gunther treffen, trifft aber wen? Richtig, Bernd! Das war demütigend. Seit diesem Tag hat Bernd einen Riss in der Nase. Der Angriff ist Erwin übrigens auch nicht gut bekommen. Die ganze Pavianherde hat sich auf ihn gestürzt und ihm, brutal, brutal, wortwörtlich die Eier abgerissen. Sie hingen nur noch am seidenen Faden! Erwin musste eingeschläfert werden. Dann war eine Zeitlang Ruhe – bis Kuno kam. Ein weiteres Problem für Pavian Bernd – die Frauen. Als Fünfter von fünfen hat er es nicht so leicht. Das beeinträchtigt die sexuelle Strahlkraft schon ein wenig. Nicht, dass die Frauen ihn nicht gut fänden. Aber auch die müssen ja sehen, wo sie bleiben. Seine Mutter Brigitte ist übrigens seit dem Tod seines Vaters Karel auch noch mit Kuno zusammen. Das macht das ›Alphatier in spe‹ zu so einer Art Stiefvater und die Sache nicht besser.

Gerade neulich war Bernd kurz davor, mal so richtig mit einer Paviandame …, doch das musste die bitter büßen. Wie ein Bekloppter kam Kuno angeschossen und biss ihr volles Brett ins Bein. Dabei konnte sie nun wirklich nichts dafür, Bernd hatte angefangen. Aber der bekam kurze Zeit später auch sein Fett weg. Kuno lauerte ihm auf. Und der ist, so als Pavianmann, wirklich nicht ohne. Also was soll man sagen – alle haben zugesehen! Zwei Wochen konnte Bernd nur humpeln, was

beim Kampf ums Essen auch nicht gerade vorteilhaft ist. Andere Paviane würden in so einer Situation resignieren, aufgeben, sich gehen lassen. Nicht so Bernd. Er ist ein freundlicher Typ. Er spielt gerne mit den Kindern und auch den Pflegern gegenüber ist er immer lieb. Wenn jemand aus der Gruppe einmal krank war, kümmerte Bernd sich liebevoll um ihn. Und schließlich hat er doch noch eine Möglichkeit gefunden, regelmäßig seine Manneskraft [Platz fünf] zu demonstrieren. Die ältesten Damen der Pavianriege lebten seit einiger Zeit im sexuellen

Schatten, sie wurden von den anderen Männern ignoriert. Bernd hat ihnen die Sonne wiedergebracht. Sein besonderer Liebling: Pavianpensionärin Ina, mit fünfundzwanzig Jahren zwar knapp doppelt so alt wie er, aber sie war seine Lady. War, denn leider ist sie dann verstorben. Aber Bernd kümmert sich jetzt um die anderen etwas betagten Damen. Die Pfleger haben ihm deswegen einen Spitznamen gegeben: ›der Zivildienstleistende‹. Pavian Bernd – ein echt sozialer Typ.

Ein Purpurhahn sieht rot

Ganz langsam, fast unauffällig, schleicht da etwas über den Boden. Tierpfleger Steffen Thies bemerkt nichts, ist versunken in seine Arbeit. Ein schimmerndes Federkleid, mal violettblau, dann wieder grüntürkis, pirscht sich lautlos von hinten heran. Unbekümmert putzt Steffen das Wasserbecken der asiatischen Freiflugvoliere.

Ein roter Schnabel und lange rote Zehen lugen durch die hohen Gräser, lassen nichts Gutes ahnen. Steffen aber ist immer noch arglos. Auf einmal steht der Purpurhahn direkt hinter ihm. Groß ist der Vogel nicht, sein Schnabel reicht gerade mal an Steffens Wade heran. Leider, muss man fast sagen, denn die muss jetzt gleich dran glauben.

So lautlos sich der Hahn angeschlichen hat, so groß ist seine Angriffslust: Es geht los mit Imponiergehabe. Der kleine Vogel baut sich vor
seinem Pfleger auf und spreizt mächtig die Flügel. Steffen beachtet ihn
gar nicht – welcher Tierpfleger lässt sich schon von einem Hähnchen
beeindrucken? Doch genau das stachelt den Gockel zu weiteren Taten
an: Energisch stürzt er sich auf die Schnürsenkel des Tierpflegers, zerrt
mit dem Schnabel an ihnen, stemmt sich sogar mit seinen langen
Krallen gegen das Hosenbein, um dem Angriff mehr Nachdruck zu ver-
leihen.

Langsam wird der Hahn lästig. Was also bleibt Steffen übrig? Er schüt-
telt den Plagegeist ab. Doch anstatt sich wieder seiner Henne zuzuwen-
den, die das Ganze aus angemessener Entfernung beobachtet, nimmt
der Hahn erneut Anlauf. Wie ein Karatekämpfer fliegt er mit gestreck-
ten Beinen und einem vorgereckten äußerst spitzen Schnabel gegen
die Wade des Pflegers, klammert sich dort fest und hackt ordentlich
hinein.

Das tut weh.

Steffen wird langsam sauer. Schließlich hat er dem Hahn noch nie
etwas Böses getan. Aber der hat ihn gehörig auf dem Kieker. Und das
schon von Anfang an. Als der Purpurhahn nebst Gattin nämlich vor
einem Monat aus Belgien anreiste, da gebärdete er sich schon in der
Leipziger Quarantänestation wie ein Kampfhahn. Hackte wild um sich,
imponierte vor jedem, den es interessierte, und vor allen andern auch.
Den Pflegern war ziemlich schnell klar: Hier stimmt etwas nicht.

Besonders auf Steffen hatte es der Hahn abgesehen. Sobald der mit
besten Absichten und schmackhaften Freundschaftsgaben in seine Nähe
kam, geriet der Purpurhahn in Rage. Was diesen kleinen Hahn so

Purpurhuhn

Verwandtschaft Rallenvögel

Heimat Stehende oder langsam
fließende Süß- oder
Brackgewässer in großen Teilen
Afrikas und Asiens

Nahrung Meist Pflanzenteile
von Wasserpflanzen, z. B.
Schösslinge, Blätter, Wurzeln,
Blüten und Samen, aber auch
kleine Tiere

Besonderheiten Das Federkleid dieses Huhns ist blau mit
purpurnem Schein. Leuchtend
rot sind der Schnabel, die
Beine und das Stirnschild. Die
langen Beine und die Zehen
helfen den Tieren, in dichter
Vegetation zu klettern und
Nahrung aufzuspüren.

wütend macht? Niemand weiß es. Zunächst vermutete Steffen, dass er vielleicht einer Person ähnlich sähe, die der Vogel in schlechter Erinnerung behalten hat. Und so versuchte er, das Vertrauen des Hahns zu gewinnen. Der aber zeigte sich gegen jeden freundlich gemeinten Annäherungsversuch immun. Wenn Steffen kam, sah er rot und ging zum Angriff über.

Vielleicht liegt es an der Enge der Quarantänestation, dachten die Pfleger und brachten das Tier in die asiatische Freiflugvoliere. Dort sollten Purpurhahn und Henne zur Ruhe kommen und der Hahn seine Angriffslust zügeln. Doch alles wurde nur noch schlimmer: Sobald Steffen in der Voliere auftauchte, war der Hahn zur Stelle und ging zur Attacke über. Er erweiterte den Kreis der Personen sogar, die er nicht in seiner Nähe wünschte: Steffens Kollege Dieter Georgi, ein erwiesener Vogelfreund, versuchte, den Choleriker mit guten Worten und leckerem Fressen zu besänftigen. Doch auch Dieter biss bei dem Purpurhahn auf Granit – und bekam selbst einen gehörigen Wadenbiss ab. Er war ob dieser Hinterhältigkeit empört, wollte fortan nicht mehr allein in der Voliere arbeiten.

In den kommenden Wochen trauten sich die beiden nur zu zweit in die Höhle des Purpurhahns: Einer putzte und bereitete das Futter, der andere bot Rückendeckung und hielt den Hahn in Schach. So hätte man sich mit dem Tier arrangieren können, wenn der Hahn nicht irgendwann auch die Zoobesucher in seinen Feindeskreis aufgenommen hätte. Die dürfen nämlich die Voliere betreten und die darin wohnenden Vögel wie Wollhalsstorch und Paddyreiher aus nächster Nähe bestaunen. Und so mancher Tierfreund staunte nicht schlecht, als ihm aus heiterem Himmel ein kleiner giftiger Hahn an den Hosen hing und erbittert gegen das Schienbein trommelte.

Und so sah der Purpurhahn schon bald die rote Karte: Er und seine Frau, die eigentlich nichts damit zu tun hatte, mussten in die Wasservogelaufzuchtstation umziehen. Die ist nicht ganz so weitläufig wie die asiatische Freiflugvoliere, doch die beiden scheinen sich miteinander wohl zu fühlen: Die Henne hat schon mehrere Eier gelegt. Die Purpurhuhnküken, die bald schlüpfen werden, sollen so schnell wie möglich anstelle ihres Erzeugers in den Freiflugkäfig umziehen. Hoffentlich haben sie nicht den Charakter ihres Vaters geerbt.

Nandi – die Blonde mit langen Locken

Es gibt den Tag im Leben einer Nashornfrau, da begegnet sie dem Nashornmann. Diesen Tag wird Nandi nie vergessen, denn seitdem hat sie kein Horn mehr.

Nandi wurde im schönen Monat Mai im Leipziger Zoo geboren und schon bald traten erste Charaktermerkmale zutage. Tierpfleger Frank Meyer fiel gleich auf: Nandi frisst gerne. Mehr als andere, öfter als andere. Man könnte fast von einem Hobby sprechen. Die zweite Eigenschaft: Nandi ist blond. So jedenfalls nennt es Frank und fügt hinzu: Sehr blond, sozusagen blond mit langen Locken. Auch bei Nashörnern scheint der liebe Gott die Intelligenz nicht ganz gerecht verteilt zu haben, sondern wie sonst auch nach der Gauß'schen Normalverteilung. Einige ganz doof, die meisten mittelmäßig, einige ganz schlau. Nandi gehört vermutlich eher zu Ersteren. Sie schaut mit großen Nashornaugen in diese Welt und scheint oft nicht ganz zu verstehen was eigentlich passiert. Zum Beispiel lässt sie sich seit vielen Jahren baden und streicheln und die Füße machen. Nandi ist dabei, wie die meisten Nashörner, eine echte Genießerin. Sie streckt ihren Kopf nach vorne und wenn die Bürste die Innenseite ihrer Schenkel berührt, dann könnte man meinen, man hört ein kleines Schluchzen der Glückseligkeit. Doch auf die Kommandos der Pfleger, die alle anderen Nashörner längst begriffen haben, hört sie immer noch nicht. Doch nicht nur das, sie ist auch noch extrem schreckhaft und wie alle anderen Nashörner sehr kurzsichtig. Und diese Kombination war für Nandi fatal. Eines Tages, als sie alt genug war, sollte sie auf den Bullen Ndugu treffen. Lange war diese Zusammenkunft vorbereitet worden. Am Sichtgitter hatten Nashornfrau Nandi und Nashornmann Ndugu ausgiebig Zeit gehabt, sich zu beschnüffeln. Als dann der Schieber aufging und Nandi wie immer heraustrabte, schien zunächst alles entspannt abzulaufen. Also ging der zweite Schieber auf und Ndugu wurde dazugelassen. Wie erwähnt ist Nandi erstens kurzsichtig, zweitens schreckhaft und drittens extrem blond [mit langen Locken], und so nahm das Schicksal seinen Lauf. Ndugu betrat majestätisch wie immer die Außenanlage des Nashorngeheges. Nandi schaute. Ndugu kam ein bisschen näher. Nandi schaute. Ndugu kam sehr viel näher. Nandi geriet in Panik und raste los. Was folgte, war eine Verkettung unglücklicher Umstände. Erstens haben die Gehege Grenzen, die aus Zäunen bestehen. Zweitens kann ein Nashorn, dessen Gewicht in Tonnen gemessen wird, wenn es einmal

Spitzmaulnashorn

Verwandtschaft Eigene urtümliche Familie mit 5 Arten

Heimat Savannen südlich der Sahara

Nahrung Zweige, Blätter, kriechende Pflanzen

Besonderheiten Spitzmaulnashörner besitzen zwei Nasenhörner, die aus einer faserigen haarähnlichen Hornsubstanz bestehen und zeitlebens wachsen. Dem Horn werden in der asiatischen Volksmedizin ›Wunderkräfte‹ zugesprochen.

mit der kompletten Masse panikartig in Schwung gekommen ist, schlecht bremsen und außerdem ist es kein Vorteil, dass Nandi blond ist [mit langen Locken]. Die Nashornfrau versucht zu bremsen, verschätzt sich allerdings drastisch, was ihren Bremsweg angeht, dreht den Kopf im letzten Moment herum, bleibt am Pfahl des Zaunes hängen und reißt sich ihr Horn ab. Es fällt in den Staub. Sofort werden Nashornmann und Nashornfrau wieder getrennt. Nach dem ersten Schreck ergibt die Analyse der Situation: Körperlich bei Nandi, bis auf das verlorene Horn, alles o. k. Doch psychisch scheint sie schwer angeknackst. Zwei Tage steht sie komplett unter Schock. Sie bewegt sich gar nicht mehr. Wie angewurzelt steht sie im Stall. Eine tonnenschwere Salzsäule, komplett erstarrt. Ihre Augen aufgerissen, alles Unverständnis dieser

Welt in einem Nashornblick. Die Wunde selbst ist gar nicht so schlimm. Nach einem Tag hat sich schon Schorf gebildet, und dass ein Nashorn sich ein Horn abreißt, ist in freier Wildbahn zwar nicht gerade alltäglich, aber passiert in so manchem Nashornleben. Nandi jedoch, die sowieso schon so ängstlich [und blond] ist, kommt nicht mehr klar. Mit viel gutem Zureden lässt sie sich nach zwei Tagen überzeugen, wenigstens den Stall mal wieder zu verlassen. Also steht sie eine Woche lang draußen auf der Anlage herum. Das perfekte Fotomotiv: versteinertes Nashorn. Kleine Vögel landen auf ihr – keine Reaktion. Kinder rufen, lachen, winken – keine Reaktion. Lediglich mit Futter ist sie noch zu locken, denn Fressen ist ja ihr Hobby. So steht Nandi den ganzen Tag auf der Anlage, komplett traumatisiert, abends kommt sie zum Fressen

in den Stall, um dann den nächsten Tag wieder draußen im Stillstand zu verbringen. Eine ganze Woche dauert diese Bewegungslosigkeit. Dann entdeckt Nandi erstmals einen Vorteil des hornlosen Daseins: Am liebsten schläft sie ganz eng an der Wand. Da jetzt kein Horn mehr stört, kann sie den Kopf direkt in die Ecke legen. Ein erster Lichtblick auf dem langen Weg zurück zur Normalität. Und ein normal aussehendes Nashorn wird sie eines Tages wieder sein: Das Horn wächst nach. Zwar langsam. Millimeter um Millimeter, doch mit der Beharrlichkeit von Fußnägeln. Vorerst würde schon ein bisschen Bewegung dem Tier gut tun. Frank verordnet ihr die Gesellschaft einer anderen Nashorndame, Serafine, mit der sie auf der Anlage spielen soll. Die ist ein ganz anderes Kaliber als Nandi. So gar nicht blond, eher der brünette Typ

oder sogar rot gefärbt! Doch obwohl die beiden Nashorndamen so unterschiedlich sind, konnten sie sich schon immer gut leiden. Liebstes Spiel der Nashörner ist das Aneinanderreiben der Hörner. Auch für die zwei ungleichen Freundinnen war das immer die Lieblingsbeschäftigung. Passé! Eine hat ein Horn, eine hat keins. Nandi tut zwar so, als habe sie noch eins, aber Serafine verliert schnell den Spaß am Spiel mit der unausgerüsteten Freundin.

Es wird noch eine ganze Weile dauern, bis Nandi wieder mit Serafine spielen kann. Doch Frank stellt erfreut fest: Mit viel gutem Zureden wird Nandi langsam, ganz langsam wieder ein bisschen zutraulicher. Doch von Nashornmännern hat die Blonde mit den langen Locken immer noch die Nase voll!

Gefiederte Hummeln auf Hühnerbeinen

Dieter Georgi, Pfleger im tropischen Vogelhaus, raspelt das Gelbe vom Ei für den Zwergwachtelhahn. Und schwärmt von seinem entzückenden Nachwuchs. Kaum größer als Hummeln seien die Kleinen. Er schichtet ein paar Mehlwürmer auf die reich gefüllte Futterschale und seufzt. Die letzte Zwergwachtelgeburt liegt lange zurück. Ach, wenn er nur endlich wieder balzen würde ... Theoretisch ist das gar nicht so schwer, Wachteln sind nicht besonders anspruchsvoll. Praktisch aber gibt es ein Problem: Dem Zwergwachtelhahn fehlt die Henne. Einsam latscht er durchs Leben.

Die chinesische Zwergwachtel [Coturnix chinensis chinensis] ist der kleinste Hühnervogel der Welt. Früher zählte sie zur Gattung der Excalfaktoria, ›die Wärmende‹. Weil sie von den chinesischen Mandarins gern als lebender Handwärmer in den Rocktaschen getragen wurde. So klein und trotzdem ein richtiges Huhn. Mit kräftigen Läufen zum Scharren und Rennen, runden, nicht besonders flugtauglichen Flügeln und einem kleinen, spitzen Schnabel. Lustlos pickert der Hahn die frisch servierten Mehlwürmer. Ihn gelüstet eher nach einer Frau! Dieter kann sich das nicht länger mit ansehen und fragt in der Tierklinik um Rat. Professor Klaus Eulenberger kennt da jemanden, der wiederum jemanden kennt, wie das eben so ist. Allesamt organisiert in einem Vogelzüchterverein. Davon gibt es tausende in unseren Landen. Und sicher ebenso viele Vogelarten, die dort gehandelt werden.

Dieter fehlt nur ein Vogel. Ein chinesisches Zwergwachtelweib. Professor Klaus Eulenberger also beauftragt den Freund des Freundes, die Augen offen zu halten. Und siehe da, eines Tages wird aus Neuenmörbitz eine Wachtel importiert. Dieter ist begeistert. Zur Feier des Tages gibt es eine Extraportion Weichfutter für den Hahn: Bachflugkrebse und Ameisenpuppen – extrem potenzfördernd. Das wundert den Wachtelmann, er ahnt ja nichts von seinem Glück. Hin und her tippelt der einsame Kerl, kratzt und scharrt im Sand, findet ein übrig gebliebenes Korn. Während sich das dralle Wachtelweib in der Quarantänestation von Professor Eulenberger begutachten lässt. Kotprobe, Vitamine, Warten. Das Wachtelglück trennen nun höchstens noch zweihundert Meter. Eine Woche später der Befund: keine Spur von Bakterien, Parasiten und ähnlichem Getier. Das Mädel ist sauber. Und der Gockel gierig – vollgestopft mit proteinreichem Futter. Er richtet sich auf, atmet tief, gluckst laut, hält dann inne und lauscht. Außer dem leisen Gegurre der turtelnden Diamanttäubchen von nebenan – nichts. Enttäuscht hackt er seinen Schnabel in den Eidotter. Das gehaltvolle Futter macht ihn wild, aber wozu? Für wen? Wieder spricht Dieter von den ach so süßen Hummeln und greift sich den verwirrten Wachtelhahn. Der fin-

Chinesische Zwergwachtel

Verwandtschaft Kleinster Hühnervogel

Heimat Gras- und Sumpfland in unterschiedlichen Höhenlagen

Nahrung Kleinere Körnerarten, Hirse, Grünfutter, Wildkräutersamen, Insekten und deren Entwicklungsstadien

Besonderheiten Die nur 45g schweren Vögel werden bis zu 10 Jahre alt, die gerade geschlüpften Küken sind etwa hummelgroß.

det sich Minuten später auf der Quarantänestation wieder. In jenem Käfig, in dem eben noch das Wachtelweib nächtigte. Wachteln können nicht besonders gut riechen, aber die kunstvoll angeordneten Spelzenreste, die zart zerknabberte Vogelmiere sind ganz klar das Werk einer Frau! Der Hahn möchte vor Freude an die Decke gehen. Sechs Meter aus dem Stand schafft er, eine Wachtel taugt zum Hochspringer. Doch der Käfig gibt höchstens fünfzig Zentimeter her. Kopflos – aus Liebe? Und überhaupt, wo ist die Perle?

Die begutachtet derweil ihr künftiges Heim. Es gibt eine Wasserstelle, Felsimitate, Büsche, in der Nachbarschaft exotische Vögel. Die Gouldamadinen basteln an einem Nest, bei den Binsenastrilden zwitschern schon etliche Nachkömmlinge, der Diamanttauber wirbt um seine Braut. Auch die Wachtelfrau wird Hochzeit machen. Erwartet in wenigen Tagen ihren Bräutigam. Doch bevor der ungebremst über sie herfallen kann, muss sie ihre Rückzugsmöglichkeiten erkunden. Fluchtwege, kleine Verstecke, Felslöcher, falls der nach Liebe lechzende Mann

das Mädel zu sehr bedrängt. Darüber vergeht eine weitere Woche, die der Hahn einsam in seiner Quarantäne verbringt.

Der Tag der Vermählung: Dieter ist ganz verzückt, der Zwergwachtelhahn auch. Ein Bild von einer Frau, wie sie so vor ihm steht. Dezent braun gemustert, von Natur aus schön. Nicht zu vergleichen mit den charakterlosen Brutkastenhennen. Stolz streckt der Gockel ihr seine elegante schwarz-weiße Kehlzeichnung entgegen, die rotbraune Brust geschwellt. Und dann legt er los: Treibt die Henne durch die Felslandschaft, über Stock und Stein, hüpft über sie, sucht mühsam mit dem Schnabel Halt an ihrem Federkleid. Wie gerupft sieht die Gute nach wenigen Tagen aus. Aber die beiden sind glücklich. Dieter macht die Rechnung auf. Falls das Wachtelpaar gut harmoniert, könnte es bald die ersten Eier geben. Wenn pro Nest sechs ausgebrütet werden, das Ganze sechzehn Tage dauert, kämen in einem Jahr hundertsechsunddreißig kleine Hummeln zusammen. Zu hypothetisch, verwirft er schnell das mathematische Modell. Welches Huhn soll das schon aushalten?

Doch tatsächlich – sechzehn Tage später rasen die ersten Hummeln durch die Voliere. Mini-Zwergwachteln auf winzigen Hühnerbeinen. Echte Knutschkugeln. Dieter triumphiert, Professor Eulenberger fotografiert, der Wachtelhahn organisiert. Er ist für die Ausbildung der Küken zuständig und lehrt sie, welche Körner und Krabbeltiere sich als Futter eignen und welche nicht. Wie ein Mehlwurm abzuschlucken ist, wann Dieter mit Nachschub kommt. Für das flotte Brutgeschäft indes ist die Wachtelmama zuständig. Zwei Bruten hat das Mädel aus Neuenmörbitz inzwischen hinter sich, sieben Wachtelkinder ausgebrütet, sichtlich gezeichnet. Sie ist schmaler geworden, die Frisur zerzaust. Und noch immer ist der Hahn begierig. Ein zweites Weib könnte für Entspannung sorgen. Dieter grübelt. In der ›Geflügel-Börse‹, einer Fachzeitschrift für Freunde des Federviehs, gibt es chinesische Zwergwachteln zuhauf. Künstlich

nachgezogen, Ein-Cent-Artikel, Rabatt ab zehn Stück. Sicher ließe sich da eine passende Zweitfrau finden. Aber dann wäre die Naturbrut dahin, mit ihr der gute Ruf. Und obendrein würde der Hahn das gekaufte Weib nicht akzeptieren. Während der Brut leben Wachteln streng monogam. Einige Zeit später verliert der Wachtelmann ganz von allein das Interesse, die Lust an seinem Weib erlischt. Gelangweilt latscht er nun wieder durch das Leben. Die Kinder sind längst aus dem Haus, an Vogelzüchter abgegeben. Was ist geschehen? Dieter schmunzelt, putzt den Futternapf und bereitet das Körnerfutter für den nächsten Tag. Bis zum Frühjahr haben die Wachteln Zwangspause, Dieter hat die Proteinkost abgesetzt. Kein Mehlwurm, kein Eidotter, null Bock. Kontrollierte Arterhaltung nennt er das. Und verliert sich dabei wieder in seiner Schwärmerei über die kleinen Hummeln mit den Hühnerbeinen …

Ortrud, die Katzenpolitesse

Eine Katze ist eine Katze, ist eine Katze – sollte man meinen. Aber Ortrud ist eine ganz besondere Katze.

Rein äußerlich unterscheidet sie sich nicht von vielen anderen ihrer Art: hellgrau getigert, grüne Augen, Samtpfoten. Vielleicht ein wenig zu klein geraten für ihre siebzehn Jahre.

Doch wenn Ortrud erzählen könnte, würden sich so manchem Stubentiger die Nackenhaare sträuben. Denn Ortrud wohnt im Leipziger Zoo, ihre Meldeadresse wäre, wenn es denn so etwas für Katzen gäbe, Giraffenhaus, Afrika.

Ihr Beruf? Katzenpolitesse. So klein die Katze, so groß die Verantwortung. Denn Ortruds Revier ist der Giraffenstall. Gewöhnliche Hauskatzen müssen nur auf den eigenen und vielleicht noch auf Nachbars Vorgarten aufpassen. Ortrud patrouilliert in einem Gebiet von eintausend Quadratmetern. Ihr Auftrag: Mäuse jagen – und die gibt es nicht zu knapp.

Ortrud ist nicht die einzige Katze im Leipziger Zoo. Ein ganzes Sondereinsatzkommando ist strategisch über die Ställe verteilt und überwacht die Mäusepopulation, die sich an den Futtervorräten der Zootiere schadlos hält. Der Befehl: Die Schadnager zunächst aufspüren und observieren, dann dingfest und zu guter Letzt unschädlich machen.

Ortrud operiert in ihrem Abschnitt mit höchster Präzision. Mit ihren empfindsamen Ohren nimmt sie jedes Piepen, jedes Rascheln wahr. In jedem Winkel des Giraffenstalls. Ortrud kennt die Übeltäter und behält jeden einzeln im Auge. Manchmal belässt sie es bei einer Verwarnung, nämlich dann, wenn die diebische Maus – zu schnell für Ortrud – unter die Stallplanken entwischen kann. Doch wenn Gefahr im Verzug, der Futtersack schon angeknabbert und die Maus allzu frech ist, dann schlägt sie erbarmungslos zu. In diesem Fall legt sie dem Übeltäter mit einem Prankenschlag das Handwerk. Zurück bleibt nur ein nackter Mauseschwanz – Beweis für Ortruds Effektivität. Die kleine Katze hat sich unter den noch lebenden Futterdieben im Zoo einen Namen gemacht: Der Giraffenstall ist eine von Mäusen gefürchtete Zone.

Vielleicht ist Ortrud so gnadenlos, weil sie gleich zu Beginn ihres Lebens durch eine harte Schule gehen musste. Nach ihrer Geburt durfte sie nur kurze Zeit am wärmenden Bauch ihrer Mutter bleiben. Denn etwa zeitgleich hatte die Ozelotdame des Leipziger Zoos Nachwuchs

bekommen, doch Mutter Ozelot wollte ihren Sohn Pinto partout nicht annehmen. Was blieb Tierpfleger Roland Männel und seinen Kollegen übrig? Sie mussten den Kleinen damals per Hand aufziehen. Doch als er etwa ein halbes Jahr alt war, reichten dem kleinen Ozelot die Tierpfleger nicht mehr. Zwar hatten sie sich wie leibliche Eltern um ihn gekümmert, doch als Spielgefährten taugten sie nicht. Etwas Felliges musste her, etwas, das schnurren und knurren konnte, das sich mit dem Ozelot-Kind durch den Stall kugeln, sich beißen und wieder vertragen würde. Kurz: ein Gefährte, der dem verwöhnten Ozelot-Jungen beibringen würde, wie sich eine echte Samtpfote verhält.

Die Wahl fiel auf Ortrud, die damals bei Bekannten des Tierpflegers wohnte. So zog die kleine Katze, selbst noch ein Kind, im Ozelot-Stall

des Leipziger Zoos ein. Zunächst verlief auch alles wunschgemäß, friedlich spielten die beiden Jungtiere miteinander. Doch schon bald wuchs
der Ozelot viel schneller als Ortrud, die schon immer sehr klein für ihr
Alter gewesen war. Und Ortrud musste einige Prankenhiebe einste-
cken. Zu gerne hätte sie dem Raufbold auch mal so richtig eine ge-
langt. Aber das männliche Raubtier war ihr einfach überlegen.
Da griffen die Pfleger ein und die nun eineinhalbjährige Katze bekam
eine neue Aufgabe: Gesetzesbrecher jagen, zunächst in der Bärenburg,
dann im Giraffenhaus. Dieser Posten lag ihr viel mehr, als Spielball des
heranwachsenden Ozelots zu sein. Um den neuen Job nicht wieder zu
verlieren, legte Ortrud sich derart ins Zeug, dass sie alle Rekorde der
im Zoo omnipräsenten Katzenpolizei brach. Schon bald nagte fast nie-

mand mehr am Kraftfutter der Langhälse. Die Giraffen und ihre Pfleger
konnten sich voll und ganz auf Ortrud verlassen.

Ortrud wird für ihre Einsatzbereitschaft belohnt. Sie hat einen sicheren
Arbeitsplatz, muss eine Kündigung nicht fürchten und genießt sogar
Vergünstigungen, von denen andere Katzen nur träumen können. Da
ist zunächst das Katzenklo: Mit eintausend Quadratmetern äußerst
geräumig, hell und ausgestattet mit erlesenem Stroh. Zwar muss sich
Ortrud nachts ihre Toilette mit den fünf Giraffen teilen, die dort schla-
fen. Aber vom frühen Morgen bis zum späten Nachmittag, wenn die
Giraffen auf der Kiwara-Savanne stehen, hat Ortrud dieses stille Ört-
chen ganz für sich allein. Dann sitzt eine kleine Katze in einer riesigen
Halle, krümmt ein wenig den Rücken und verrichtet ihr Geschäft.

Auch das regelmäßige Frühstück schätzt Ortrud sehr. Jeden Morgen steht in der Stallgasse ein Napf mit frischem Katzenfutter. Und nicht zu vergessen: die Mittagspause. Da hält sich Ortrud ganz eng an Tierpfleger Jens Hirmer und teilt mit ihm sein Pausenbrot. Ja, das Katzenleben im Giraffenstall – es bringt so manche Annehmlichkeit mit sich. Wer nun aber denkt, Ortrud könnte sich alles erlauben, der irrt. Es gibt Grenzen und klare Regeln, die auch für Katzenpolitessen gelten. Eine dieser Regeln lautet: Kein Eintritt zur Nagerabteilung im hinteren Teil des Giraffenstalls. Dort nämlich wohnen Rüsselspringer, Stachelmäuse und Sandratten. Ortrud weiß, hier endet für eine Katzenpolitesse der Zuständigkeitsbereich. Die Menschen haben die Rasse-Nager unter ihren persönlichen Schutz gestellt, auch wenn Ortrud das nicht nachvoll-

ziehen kann. Doch sie hält sich an die Spielregeln, denn sie weiß, dass eine Überschreitung ihrer Kompetenzen zum Disziplinarverfahren führen kann. Nur manchmal sieht man sie außen am Fenster sitzen, sehnsüchtig ins Innere starren – und die Pfoten zucken voller Tatendrang. Seit fast sechzehn Jahren patrouillierte Ortrud tagaus, tagein durch ihr Revier und sorgte für Recht und Ordnung. Doch wo sie sich zur Zeit aufhält, weiß niemand. Seit einer Woche gilt die Wächterin des Giraffenstalls als vermisst. Die Toilette – unbenutzt, der Futternapf – nicht angerührt, Jens' Pausenbrote – verschmäht.

Ortrud war schon häufiger für ein paar Tage verschwunden. Vielleicht hat sie einen Sondereinsatz im Restaurant neben dem Giraffenstall? Vielleicht muss sie einen Täter über die Reviergrenzen hinaus verfolgen? Möglich auch, dass die Katzenpolizei aus dem Nashornhaus um Amtshilfe gebeten hat.

Vorerst macht sich niemand ernsthaft Sorgen um Ortrud. Denn bis jetzt hat die zuverlässige und pflichtbewusste Katze den Dienst noch nie für längere Zeit vernachlässigt – in ihrem Revier, dem Leipziger Giraffen-haus.

In Schildkröte Herbert steckt der Wurm

Der hinterste Teil des Panzers lugt aus einer Erdhöhle hervor. Was da zu sehen ist, lässt erahnen, wie groß die Schildkröte sein muss, die darin wohnt. Tierpfleger Mike Wenzel zieht an dem mächtigen Hinterteil. Dessen Besitzer, Spornschildkröte Herbert, hat nämlich einen Arzttermin: In ihm steckt der Wurm.

Herbert hat das in seinen fünfunddreißig Lebensjahren schon öfter durchgemacht, weiß, was ihn erwartet: Wenn er aus seiner Schutzhöhle gezogen wird, steht Tierarztassistentin Christa Bachmann schon mit einer Magensonde bereit. Und mit einem unangenehm riechenden Anti-Wurm-Mittel. Deswegen krallt Herbert sich mit seinen Vorderbeinen an der Innenwand der Höhle fest. Ihn jetzt aus seiner Unterwelt herauszubewegen ist körperliche Schwerstarbeit für Mike.

Offensichtlich war der Tierpfleger diesmal stärker, denn auf einmal befindet Herbert sich vor seiner Höhle. Ein Prachtkerl von einer Spornschildkröte, an die dreiunddreißig Kilo bringt er auf die Waage und auch die Länge ist beachtlich: mehr als ein halber Meter. Mike wischt sich den Schweiß von der Stirn. Da kommen zwei kleine Strahlenschildkröten und eine Pantherschildkröte vorbei, mit denen sich Herbert das Gehege teilt. Tierpfleger und Tierarztassistentin sehen ihre Chance, üben die ungeliebte Wurmkur-Prozedur lieber erst nochmal bei den kleineren Kandidaten. Und schon da zeigt sich: Schildkröten sind Meister im Kopfeinziehen: Kaum packt eine Menschenhand sie am Hals und versucht, das Maul aufzusperren, schon ziehen die Schildkröten ihren Kopf mit einer Kraft zurück und unter den Panzer, die man ihnen nicht zutrauen würde. Am Ende flößt Christa die Wurmkur nur einer der kleinen Schildkröten ein, die anderen zwei haben sich mit ihrer Verweigerungstaktik durchgesetzt.

Und Herbert? Hat sich das Ganze aus der Nähe angeschaut. Er ist erstaunlich ruhig, unternimmt auch keinen Fluchtversuch in Richtung Höhle. Der Spornschildkröten-Mann weiß anscheinend um die Wirkung, die seine imposante Erscheinung bei den Menschen hat. Und die kapitulieren noch vor dem ersten Wurmkurversuch. Beschließen, die verhasste Paste doch lieber unter das Futter zu mischen. So ist sie zwar nicht ganz so gut dosierbar, aber mit Herbert legt sich niemand gern an. Denn er hat nicht nur stärkere Nackenmuskeln als seine kleinen Kollegen, sondern auch einen kräftigen Hornschnabel – und was noch viel unangenehmer ist: Wenn Herbert Kopf und Beine einzieht und seinen schweren Panzer auf die Erde fallen lässt, dann kann man sich gehörig die Finger zwischen ihm und dem Fußboden einquetschen.

Spornschildkröte

Verwandtschaft Landschildkröte

Heimat In der Sahelzone vom Senegal bis Äthiopien

Nahrung Heu, vertrocknetes Gras, Kräuter und trockene Blätter

Besonderheiten Die Spornschildkröte ist die drittgrößte Landschildkröte überhaupt und erreicht eine Länge von bis zu 100 cm sowie eine Körpermasse von 80 bis 100 kg.

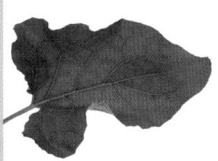

Den einen oder anderen blauen Finger hatte Mike schon zu beklagen. Und dabei ist Herbert in der letzten Zeit schon viel ruhiger und umgänglicher geworden. Als er vor siebenundzwanzig Jahren aus dem Schweriner Zoo nach Leipzig kam, ging es richtig wild zu: Gemeinsam mit dem etwa gleich alten Spornschildkrötenmann Manfred probierte er seine Manneskraft aus. Da es jedoch an Spornschildkrötenfrauen mangelte, zeigten sich die beiden erfinderisch – mit unterschiedlichen Vorlieben: Während Manfred sich auf die Beine seiner Pfleger spezialisierte, ja, zu einem regelrechten Fuß-Fetischisten wurde, entpuppte sich Herbert als Liebhaber der Strahlen- und Pantherschildkröten. Er wollte sie alle haben, alle, die nicht bei drei auf den Bäumen waren. Und er hat sie alle bekommen – oder hat man je eine Schildkröte auf einem Baum gesehen?

Trotz dieser verschiedenartigen Neigungen kam es eines Tages zum Showdown zwischen den beiden: Die beiden Spornschildkrötenmänner hatten sich mächtig in der Wolle. Ein harter Kampf, denn am Bauch-

panzer haben die Tiere einen Rammsporn, den sie als Waffe einsetzen. Manfred unterlag und starb kurze Zeit später an den Folgen der Auseinandersetzung.

Herbert war wieder allein mit seinen drei kleinen Mitbewohnern. Zwar bleiben jetzt die Füße der Tierpfleger verschont, Herberts Mitbewohner aber bekommen immer noch ab und an die Erregung des Heißsporns zu spüren.

Vor wenigen Monaten hat ein junger Spornschildkrötenmann in Herberts Gehege Quartier bezogen. Herbert hat ihn zwar schon ausgiebig beäugt, aber eine Spornschildkrötenfrau kann der Neuankömmling einfach nicht ersetzen. Pech für Herbert, dass es nicht mehr viele Vertreter seiner Art gibt – die Suche nach einer passenden Frau in seinem Alter war bis jetzt erfolglos. Und ihm so ein junges Ding als Gespielin zu geben, das möchte keiner der Tierpfleger verantworten. So muss Herbert nehmen, was da ist. Richtig befriedigend ist das sicher nicht. Aber, wie gesagt, in Herbert steckt irgendwie der Wurm.

»I'm a loser« – die Leidensgeschichte von Hyänenmann Kitano

»I'm a loser baby, so why don't you kill me?« Auf Kitanos Hitliste würde dieses Lied wohl ganz oben stehen. Von allen gehetzt, gebissen, geprügelt – Kitano ist ganz unten. Auf der untersten Stufe der Rangfolge der Tüpfelhyänen im Leipziger Zoo.

An manchen Tagen rührt der Anblick des Hyänenmannes den Besucher zutiefst. Er liegt dann im hintersten Winkel der Anlage ermattet auf einer kleinen Grassode und atmet einfach nur tief durch. Einer der ganz wenigen Augenblicke der Ruhe für einen von seiner Umwelt Gehetzten. Geschafft von den nie enden wollenden Hetzjagden und Attacken seiner Frau und seiner Töchter.

Das blanke Elend blickt einem in diesen Momenten entgegen. Den beigefarbenen Körper mit den schwarzen Flecken zur Embryostellung gekrümmt, kauert das siebenjährige Männchen am Boden. Er scheint sich unsichtbar machen zu wollen, denn wer nicht da ist, dem kann auch nicht wehgetan werden.

Lubanga, seine Frau, und die gemeinsamen Kinder tollen unbeschwert über die Anlage. Kitano wird bestenfalls ignoriert. Zuwendung und Nestwärme kennt er nur von den Giraffen nebenan in der Afrika-Savanne. Kitano ist allein, verachtet und in seiner Würde schwer angeschlagen. Dabei wurde er fünf Jahre lang zu den ganz Starken gezählt. In seiner Jugend lief der in Gelsenkirchen Aufgewachsene nämlich als ›Kitana‹ durchs Leben und galt bei seinen Pflegern als Weibchen. Erst Jörg Gräser, seinem Leipziger Pfleger, kamen bei der Beobachtung der Hyänengruppe erste Zweifel. Wieso jagt das Männchen Lubango dem normalerweise stärkeren Weibchen Kitana das Fressen ab? Wieso lässt sich Kitana das gefallen? Und warum ist das Weibchen so schmächtig? Die Tüpfelhyäne ist eine der wenigen Tierarten, bei denen die Weibchen das Sagen haben. Bis unter die Haarwurzeln voller männlicher Hormone, sind sie innerhalb eines Rudels die Aggressiveren, die Aktiveren und die Stärkeren. Immerhin bringt so ein Mannsweib schon mal locker siebzig Kilo auf die Waage – alles reine Muskelmasse, versteht sich. Eine Gewichtsklasse, von der ein Hyänenmann nur träumen kann. Er ist deutlich kleiner und zierlicher. Kitana und Lubango waren also sehr ungewöhnliche Vertreter ihrer Art. Während einer tiermedizinischen Routineuntersuchung kam dann die Wahrheit ans Licht. Kitana war plötzlich ein Männchen und wurde zu Kitano. Lubango war in Wirklichkeit ein Weibchen und hieß fortan Lubanga. Die Krönung dieses Verwirrspiels: Lubanga war auch noch schwanger. Verwechselungskomödie mit Happy End. An dieser Stelle müssen die Gelsenkirchner und Leipziger Tierpfleger in Schutz genommen werden: Mann und Frau sind bei den Hyänen äußerst schwer auseinander zu halten. Sie sind wahre Meister darin, ihr Geschlecht zu verschleiern. Besonders

Tüpfelhyäne

Verwandtschaft Größte existierende Hyänenart

Heimat Savannen und Halbwüsten in Ost- und Südafrika

Nahrung Hauptsächlich Antilopen, Gazellen und Zebras

Besonderheiten Tüpfelhyänen leben in großen Rudeln, die bis zu hundert Individuen umfassen können. Diese werden von einem dominanten Weibchen angeführt. Zusammen bewohnt das Rudel ein Revier, dessen Grenzen von beiden Geschlechtern mit den Analsekreten markiert werden.

die Weibchen haben im Laufe der Evolution ein ausgeprägtes Talent entwickelt, sich zu tarnen: Nur zum Schein besitzen sie männliche Geschlechtsorgane. Nicht, dass sie damit etwas anfangen könnten, sie dienen einfach nur dazu, Tierpfleger in die Irre zu führen.

Für Kitano und Lubanga hat sich das Leben seit ihrer ›Geschlechtsumwandlung‹ nicht verändert. Er wird immer noch von seinen Frauen verfolgt und gehetzt und sie hat immer noch das Sagen auf den ›Kopje‹-Felsen des Zoos. Und so liegt er da auf seiner Grassode, aufgerieben von den ewigen Sticheleien. Selbst Kibaya und Etanga, seine Töchter, stehen über ihm und kommandieren ihn herum. Und was viel schwerer zu ertragen ist: Er ist auch der Letzte am Fressnapf. Ihm bliebe kein Happen, wenn da nicht Jörg wäre, sein mitfühlender Pfleger. Er sieht zu, dass Kitano zu seiner täglichen Ration kommt. Getrennt von den gierigen Frauen verschlingt Kitano dann in seiner Box hinter den Kulissen

den ihm zugedachten Fleischbrocken samt allen Knochen. Lauscht man frühmorgens an der Tür des Hyänenhauses, kann man Kitano bei seiner Knochenarbeit hören.

Wer nun denkt, Kitano erleide ein tragisches Einzelschicksal, der täuscht sich. In der freien Natur gehen die Hyänenmännchen den Weibchen aus dem Weg, kommen nur sporadisch mit ihnen zusammen. Im Zoo ist es dafür zu eng. Hier muss Kitano sich ins Rudel einfügen, notgedrungen auf dem letzten Platz. Dennoch: Er kann sich brüsten, ein sehr potenter Hyänenmann zu sein. Immerhin hat er innerhalb der vergangenen zwei Jahre schon drei Mal für Nachkommen gesorgt. Und eines Tages darf er in Ruhestand gehen: Wenn sein Sohn Jengo erst einmal ausgewachsen ist und den Schutz seiner Mutter verloren hat, wird dieser endlich die Rote Laterne des Rudels übernehmen. He's a loser baby ...

Henry im Glück

»Stets dienstbereit zu Ihrem Wohl ist immer der Minol-Pirol«. Der komische Vogel mit der blauen Tankwart-Latzhose ist bis heute ein Synonym für Werbung in der DDR. Doch damals, als die ›tausend tele tips‹ in der Versenkung verschwanden, schien auch den leicht antiquierten Vogel keiner mehr zu brauchen.

Henry lässt sich nicht unterkriegen. Henry ist ein echter Vogel. Ein aufgeweckter Schwarznackenpirol, zitronengelb und schwarz. Den Namen Henry hat er wohl von seinen Besitzern. Aber so hundertprozentig kann sich keiner der Pfleger erinnern. Auch nicht, warum und woher er in den Zoo kam. Das liegt schon so lange zurück. Die Geschichte vom Minol-Pirol kennt fast jeder, Henrys Vergangenheit ist wie eine graue, nebulöse Masse. Fest steht nur: Er ist auf Menschen fixiert. Die haben ihn großgezogen, seine Welt geprägt. Für die ist er da.

Eines Tages im März 2003 wird Henry in den Zoo gebracht. Da ist er etwa drei Jahre alt. Einer der Pfleger meint sich zu erinnern, dass für Henry eine Herzensdame gesucht wurde. Im Zoo gab es zu jener Zeit ein Pirolweibchen, das seinen Partner verloren hatte. Eine Vogelhochzeit? Doch dann verliert sich Henrys Spur. Im tropischen Vogelhaus taucht er einmal auf. Ein kurzes Intermezzo. Erst attackiert er die brütenden Elfenblauvögel, dann umschwirrt er penetrant die Besucher. Warum? Achselzucken bei den Pflegern. Vielleicht kann er fremde Vögel nicht leiden und sucht Anschluss bei den Menschen. Im Entdeckerhaus Arche soll er untergeschlüpft sein, aber das ist nicht belegt. Ein stiller Ort, an dem Henry zu sich kommen könnte. Zu still. Henry sucht nicht die Ruhe, ihn treibt es an die Brennpunkte des Zoos, dorthin, wo das Leben spielt. Im Dickhäuterhaus findet er eine passende Bleibe. Die Elefanten machen Eindruck, ziehen tausende Besucher an, aber sie stehlen dem Pirol bald die Show.

Zum Glück kann Henry pfeifen. Und wie! Glasklar dringt sein »düdelüü-lio« in den Gehörgang, lässt Tropenwaldstimmung aufkommen. Der Pirol flötet viele Silben munter durcheinander. Hat man schon einmal »oriolus-chinensis« aus seinem Schnabel gehört? So nennen ihn die Ornithologen. Manchmal klingt sein Flöten auch nach »büloo-büloo«. Daher der gebräuchliche Ausdruck ›Vogel Bülow‹. Das Adelsgeschlecht von Bülow hat ihn glatt zu seinem Wappentier erkoren. Und Vicco von Bülow schmückt sich mit der französischen Bezeichnung des Vogels: Loriot. Das ist wirklich kein Witz!

Im Frühjahr 2005 wird das Elefantenhaus rekonstruiert und verwandelt sich in eine einzige Baustelle. Sämtliche Bewohner müssen weichen. Wieder geht Henry auf die Reise. Pirole sind Zugvögel, verbringen den Sommer in Europa und die restliche Zeit in den Tropen Afrikas. Henry aber hat keine Ahnung, was Afrika bedeutet. Er ist in einem deutschen Haushalt groß geworden und strandet während der Bauarbeiten bei

Schwarznacken-Pirol

Verwandtschaft Sperlingsvögel

Heimat Südostasien

Nahrung Größere Insekten [Maikäfer, Nachtfalter, Heuschrecken, Raupen] und Beeren

Besonderheiten Ohnehin nicht sehr häufig, lebt der Pirol versteckt im Laub der Bäume, so dass auch die auffällig gelben Männchen selten zu sehen sind; die Weibchen sind mit ihrem oberseits gelben, unten grauweißen Federkleid der Umgebung von vornherein viel stärker angepasst.

den Wasservögeln. Tauben, Enten, Störche asiatischer Herkunft. Den kalten Winter verbringt er hinter einer dicken Glaswand. Manchmal kommen Leute vorbei und klopfen mit Schirmen an die Scheibe. Der Pirol hackt zurück. Doch an dem Panzerglas kann er nichts ausrichten. Selbst sein liebliches Flöten dringt nicht hindurch. Die Pfleger müssen seine üble Laune ausbaden.

Im Sommer bekommt Henry seine Chance: Die Tür steht einen Spalt weit offen. Er zwängt sich in den Vorraum und schlüpft von dort durch ein Kippfenster. Henry ist frei! Ganze drei Tage dauert sein Ausflug, dann wird er in Bahnhofsnähe aufgegriffen. Wieder gefangen in freier Wildbahn, nennen die Pfleger das. Henry ist geladen, schnellt pfeilartig mit angelegten Flügeln durch die Voliere, direkt auf die Köpfe der Pfleger zu. Nun sind sie es, die allen Grund haben, sauer zu sein. Während dieser Zeit ist Henry kein geselliger Vogel.

Nach einem Jahr – endlich! – bietet der Elefantentempel sanierten Wohnraum. Die Dickhäuter genießen jetzt einen eigenen Swimmingpool. Und Henry sein renoviertes Domizil – mitten im Getümmel. Hier lebt er zwischen Ceylonhühnern, einer Fruchttaube und dem Pirolweibchen. Alle verhalten sich respektvoll ihm gegenüber, Henry ist der King. Auch der Minol-Pirol tauchte irgendwann aus der Versenkung auf, wurde aufgepeppt und besticht nun mit einem dezenten Ostalgie-Charme. Henry begeistert mit seinem Gesang. Den ganzen Tag klebt er nun wieder am Gitter, schnappt nach neugierigen Kinderhänden, trillert sich in die Herzen der Besucher. Die danken es ihm mit Zuneigung und kleinen Leckereien. Für die einsame Piroldame interessiert sich Henry noch immer nicht. Er liebt nur die Menschen und die Menschen lieben ihn. Und so ist es am Ende auch egal, warum und woher es Henry in den Zoo verschlagen hat. Hauptsache, er ist glücklich.

Frau Igel, das Schwergewicht

Der stachelige Gesell liegt platt im Gang, mitten im Weg. Marco Mehner, Pfleger für die afrikanischen Tiere, steigt wie selbstverständlich über ihn. Der liege nur auf der Lauer nach etwas Fressbarem, sagt er. Paraechinus aethiopicus, der Äthiopische Wüstenigel oder einfach Frau Igel. Es gibt keinen bedeutungsschweren Namen, der sie belastet. Sondern ein paar hundert Gramm Fett. Frau Igel neigt zu starkem Übergewicht.

Der Speck muss weg, sagt Marco und fegt den Gang dieses Mal besonders gründlich, lässt keinen Futterkrümel übrig. Er ist konsequent: Heute wird gefastet, wie jeden Dienstag.

Seit zwei Jahren lebt Frau Igel im Leipziger Zoo. Damals kam sie mit ihrer Mutter und einer Transportkiste. Rank und schlank passten beide hinein, jede 750 Gramm leicht. Neben Pferdespringer und Gundi, Graumull und Rüsselspringer werden die Wüstenigel im Kleinsäugerhaus rasch heimisch. Beziehen eine komplett verglaste Luxuswohnung, für die Besucher wunderbar einsehbar. Frau Igel ist in den besten Jahren, sonnt sich in der allgemeinen Aufmerksamkeit. Einen afrikanischen Igel hat hier noch niemand gesehen. Er wirkt kleiner als der europäische Vertreter, Gesicht und Schnauze dunkelbraun, Stirn, Wange

und Bauch hell, die Stacheln schwarz-weiß-gelb gebändert. Ein hübsches Tierchen mit gutem Ruf.

In Märchen und Fabeln ist der Igel ein sympathischer, pfiffiger Geselle. Den Wettlauf zwischen Hase und Igel verliert, ganz klar, der prahlerische Hase. Der bricht total erschöpft zusammen.

Im Leipziger Zoo ist es die alte Mutter Igel, die bald nach der Ankunft dem Tod erliegt. Nun ist das Igelmädchen allein. Trauert. Schläft viel. Frisst viel. Setzt Speck an, viel zu viel. Müde lungert das inzwischen rundliche Stacheltier in den Ecken. Gelangweilt von den neugierigen Besucherblicken. Manche klopfen an die Scheibe. Frau Igel reagiert nicht. Es ist nur eine Frage der Zeit, bis die Zwangsräumung droht. Die sehenswerten, fetten Sandratten warten längst auf den begehrten Platz in der ersten Reihe, drängen den wenig unterhaltsamen Igel aus seiner noblen Vorderhauswohnung in ein kleines Appartement hinter den Kulissen.

Ein Umzug mit schwerwiegenden Folgen. Die Pfleger stecken dem Igelmädchen regelmäßig Leckerbissen zu – als Entschädigung für das Alleinsein. Fresskonkurrenten gibt es nicht in einer Einraumwohnung. Mit ihren kurzen Beinen dreht Frau Igel schlapp ihre Runden bis zur nächsten Fütterung.

Tierpfleger Marco wird nachdenklich, wenn er das einst so schlanke Tier beobachtet. Er schreitet zur Tat und holt die Waage. Sie bringt das ganze Ausmaß der unkontrollierten Völlerei zum Vorschein. Der Zeiger schlägt wild aus, findet nur mit Mühe zur Ruhe: 1400 Gramm. Frau Igel hat ihr Gewicht binnen eines Jahres fast verdoppelt!

Ein europäischer Igel braucht normalerweise Speck für einen ruhigen Winterschlaf. Dann zehrt er von dem Fettpolster, das er sich angefressen hat. Und sobald im Frühjahr die Temperaturen wieder über fünf-

Äthiopischer Wüstenigel

Verwandtschaft Igel

Heimat Im nördlichen Afrika [von Marokko und Mauretanien bis Somalia] und auf der Arabischen Halbinsel

Nahrung Insekten, Skorpione, Eier, Echsen und Schlangen

Besonderheiten Wüstenigel sind Einzelgänger und nachtaktiv. Sie verbringen den Tag oft in selbst gegrabenen Bauten oder Felsspalten. Ihren Winterschlaf halten sie in kühleren Regionen ab.

zehn Grad steigen, hat der Igel ein bis zwei Fünftel seines Gewichts verloren. Doch der afrikanische Wüstenigel kennt keine kalte Jahreszeit, ruht maximal stundenweise.

Die Leipziger Igeldame ist inzwischen so rund, dass der Hase im Wettlauf ein leichtes Spiel hätte. Marco verpasst ihr ein strenges Ernährungsprogramm, erklärt sich zu ihrem persönlichen Diätberater. Ein Igel kennt eigentlich keine Feinde, rollt sich bei Gefahr zu einer Kugel zusammen und droht mit seinen Stacheln. Rund 8000 können es sein. Marco aber lässt sich nicht einschüchtern. Frau Igel hustet, schnattert, tuckert, regt sich auf. Umsonst.

Jeden Dienstag und Donnerstag wird nun gefastet. Außerdem verordnet Marco ausreichend Bewegung: Frau Igel darf die Gehege hinter den Kulissen eigenmächtig erkunden, tauscht damit ihre karge Einzimmerwohnung gegen ein überwältigendes Gangsystem. Latscht unbeeindruckt zwischen Strauß, Kronenkranich und Marabu umher. Einmal hat sie sich sogar in den Giraffenstall gewagt – nicht ahnend, wie unbequem ein Giraffenfuß werden kann. Wenn's ums Fressen geht, kennt Frau Igel nichts. Die Pfleger haben sie schließlich mit einem Besen aus der Gefahrenzone gerettet.

Im Englischen heißt der Igel hedgehog. Hedge für die Hecke, hog für das Schwein. Ein Heckenschwein, immer auf der Suche nach Futter –

Obst, Gemüse, Fisch, Fleisch, Insekten oder Ei. Fressen macht glücklich. Sie plündert die Rübenschnitzel der Giraffen, klaut dem Hornraben die Mäuse, frisst dem Marabu die Fische weg. Frau Igel wird zum gefräßigen Einzelgänger. Gekonnt unauffällig bewegt sie sich zwischen den Pflegern, wie ein Spielzeugtier auf Rädern. Die Beine – kaum zu sehen. Experten sagen, Igel können bis zu hundert Hektar große Flächen durchwandern. Das entspricht etwa hundertdreißig Fußballfeldern! Mit so kurzen Beinchen?

Heute aber liegt Frau Igel unmotiviert im Weg herum. Es ist ein Dienstag, Fastentag. Marco hat den Gang inzwischen fertig geputzt. Er stellt die Eimer mit den Rübenschnitzeln vor das Giraffengehege. Das quietschende, scharrende Geräusch des Emaillegefäßes ist Frau Igel wohlbekannt. Sie erwacht aus ihrer Starre, schnüffelt über den Boden. Der Hunger macht sie nervös.

Marco greift erneut zur Waage. Drei Monate ist es nun her, dass er Maß genommen hat. Bei 1050 Gramm pegelt sich der Zeiger ein. Marco strahlt übers ganze Gesicht: 350 Gramm Gewichtsverlust! Der Igel prustet wütend, das Gerede um seine Figur ist ihm zuwider. Und dann holt Marco eine frische Grille, schiebt sie dem Igel direkt vors Maul. Dass dienstags eigentlich gefastet wird? Marco winkt ab ... und schaut dem Igel liebevoll beim Fressen zu.

Grommit – ein Zebra auf Safari

Es musste sich um einen groben Irrtum handeln. Irgendwas war hier komplett schief gelaufen. Mit Eisklumpen an den Hufen stand Zebrahengst Grommit frierend in seinem neuen Stall. Wenn so Afrika aussah, dann wollte er so schnell wie möglich wieder nach Hause, nach Köln.

Vor der Abreise war Grommit noch frohen Mutes gewesen. Zwar hatte er noch nie die Weiten der afrikanischen Buschlandschaft gesehen, noch weniger den Geruch von wilden Tieren geschnuppert. Aber seine Kölner Tierpfleger hatten ihm versprochen, dass er in die Heimat der Zebras, also auch seine Heimat, reisen sollte. ›Back to the roots‹, sozusagen, ›zurück zu den Wurzeln‹.

Vielleicht hatte der Sechsjährige sich schon durch die grenzenlose Freiheit Afrikas galoppieren sehen, Seite an Seite mit rassigen Zebrastuten, eine wilder als die andere. Vielleicht hatte er schon die sengende Sonne auf seinen

Zebra-Streifen gespürt. Vielleicht hatte er sogar mit seinen Nüstern Witterung aufgenommen – und so etwas wie Safari-Feeling hatte sich eingestellt.

Und nun? Stand er in einer engen Box, kalte Luft zog durch den Stall, von rassigen Zebrastuten keine Spur. Sollte das etwa Afrika sein? Hier jedenfalls wollte Grommit keine Wurzeln schlagen.

Was der Zebrahengst nicht wusste: Er war jenseits von Afrika – in der Afrika-Savanne des Leipziger Zoos – gelandet. Die war vor kurzem fertig geworden und trug den stolzen Namen ›Kiwara-Savanne‹. Auf Suaheli bedeutet das ›flaches ebenes Land‹. Hier sollte Grommit mit einer Zebradamenherde leben. Fast so frei und wild wie in Afrika selbst. Nur eben in Mitteldeutschland: Safari light.

Bei den Zebradamen erwies sich Grommit als wahrer Kenner. Ja, man kann fast sagen: Grommit war von Anfang an ein Frauenversteher. Einer, der weiß, was Frauen wollen – und was ein Zebrahengst braucht. So gab er sich nicht damit zufrieden, dass er die ihm Angedachten zunächst nur durch ein Sichtgitter begutachten durfte. Nein, Grommit war auf das wilde Leben Afrikas eingestellt und schuf Tatsachen: Kurz nach seiner Ankunft durchbrach er das Gitter, das ihn von seinen Frauen trennte. Mit der unbändigen Kraft eines Wilden verwandelte er den kunstvoll gebauten Zaun in einen Schrotthaufen. Kaum auf der anderen Seite angekommen, tat Grommit, was ein echter Zebramann tun muss: In Windeseile eroberte er alle seine sieben Zebradamen. Auch wenn es nur das mitteldeutsche Afrika war – Grommit hatte es im Leipziger Zoo gut erwischt: Abenteuerlich war's hier allemal, aber vor den Gefahren der echten Wildnis war das im Zoo geborene Zebra verschont. Grommit war noch keinem anderen afrikanischen Tier begeg-

Grevy-Zebra

Verwandtschaft Pferde

Heimat Savannen Nordkenias und Südäthiopiens

Nahrung Gras

Besonderheiten Bereits im 3. Jahrhundert war das Grevy-Zebra in Rom als so genanntes ›Tigerpferd‹ bekannt. Anhand des individuellen Streifenmusters auf den Hinterschenkeln kann man alle Zebras einer Gruppe voneinander unterscheiden.

net, und schon gar keinem, das eine Bedrohung für ihn sein könnte.
An einem Montagmorgen musste er seine erste Lektion aus der Wildnis
lernen. Wie üblich stand der Zebrahengst mit seinen gestreiften Damen
in der Kiwara-Savanne. Es hatte ein leckeres Frühstück gegeben und
Grommit war zufrieden mit seinem Leipziger Leben. Gemütlich durch-
streifte der Gestreifte sein Revier.

Doch auf einmal betraten große gefleckte gelbliche Wesen die Savanne.
Mit Beinen so lang wie Kräne kamen sie direkt auf ihn und seine Damen zu, machten ihre ohnehin schon langen Hälse noch länger. Grommit traute seinen Augen nicht. Was in aller Welt mochte das sein? Was
der Afrikaneuling nicht wissen konnte: Diese Ungetüme waren Giraffen. Und die sind enorm neugierig. Langsam, aber zielstrebig kamen sie
auf die kleine Zebragemeinde zu. Grommit blähte seine Nüstern, sperr-
te seine Ohren auf und versuchte herauszufinden, ob dies Freund oder
Feind sei. Und als der Zebrahengst entschieden hatte, dass es sich nur
um die Kategorie Feind handeln konnte, da vergaß er, dass er eigentlich ein stolzes Tier der afrikanischen Savanne war. Grommit nahm die
Beine in die Hand und rannte mit wehender Mähne davon.

Dann vergaß er auch noch, dass am hinteren Rand der Anlage ein kleiner Berg mit einem Elektrozaun gesichert wurde. Und rannte mitten hinein. Zum Glück spürt ein Zebra nicht mehr als ein Kitzeln an seinem
Bauch, wenn es gegen einen Weidezaun läuft. Und genau dieses Krib-
beln brachte Grommit auch wieder zur Besinnung. Als er sich um-
schaute, sah er seine Damen versprengt über die ganze Anlage und
sechs Giraffen, die fasziniert in seine Richtung starrten. Ob es ihm in
dem Moment peinlich war, dass er in völlig unafrikanischer Manier Reißaus genommen hatte? Ob er froh war, dass er noch in der Anfänger-

Savanne war? Niemand weiß das, außer Grommit selbst, denn ein Zebrahengst macht keine großen Worte um seinen Gemütszustand.

Im Lauf der Zeit hat Grommit sich trotz aller Widrigkeiten mit den
Giraffen arrangiert. Heute stehen Gefleckte und Gestreifte Seite an Seite
auf ihrer Savanne. Und auch die Strauße und Antilopen, die nach und

nach in der Savanne eingezogen sind, machen dem Zebrahengst keine Probleme mehr. An besonders schönen Tagen, wenn die Sonne richtig brennt, dann ist es auf der Kiwara-Savanne des Leipziger Zoos fast so schön und wild wie in den Weiten Afrikas. Und Grommit wird mit jedem Tag safaritauglicher.

Die Autoren und ihre Geschichten

Eva Demmler hat die Sprache der Menschen studiert und arbeitet seit über zehn Jahren als Journalistin und Filmemacherin. Seitdem sie jeden Monat im Leipziger Zoo dreht, versucht sie mit tatkräftiger Unterstützung ihrer samtpfotigen Lebensgefährten Caruso und Mortimer, auch die Sprache der Tiere zu erlernen. Wenn ihr das gelungen ist, wird sie mit dem Filmemachen und Bücherschreiben aufhören.

Geschichten von Eva Demmler

Malik – ein kleiner Löwe beißt sich durch

Laura und Onegin – zwei Schneeleoparden und eine [fast] unmögliche Liebe

Die Waschstraße der Putzerfische

V-Mann Pfau

Effie – eine Gorilladame fordert Gleichberechtigung

Alpaka Harrys steiniger Weg zum Ruhm

Was Tiger Mischa lächeln lässt

Wenn bei Königsgeiern Liebe nur ein Wort ist

Seebärbulle Danny, ein wahrer Schwerenöter

Ein Purpurhahn sieht rot

Ortrud, die Katzenpolitesse

In Schildkröte Herbert steckt der Wurm

Grommit – ein Zebra auf Safari

Axel Friedrich ist auf einem Misthaufen in der norddeutschen Tiefebene mit dreiundsechzig Tieren aufgewachsen: einem Hund, zwei Schweinen, achtundzwanzig Hühnern und zweiunddreißig Guppys. Letztere verschwanden auf wundersame Weise wie Socken in der Waschmaschine, Hühner und Schweine kamen und gingen, wie es solche Tiere auf dem Land eben tun. Einzig ›Rex‹ war beständig. Heute lebt Axel Friedrich auf dem preußischen Affenfelsen und hat mal mit großen Tieren, mal mit kleinen Fischen zu tun. Am liebsten aber erzählt er von den sechtausendsechhundert Bewohnern des Leipziger Zoos.

Geschichten von Axel Friedrich
Max, der Menschenfreund
Orang-Utan Bimbo und sein Pfleger – Männer unter sich
Walter, warum? – Fragen an einen Orang-Utan
Aufstieg und Fall des Erdmännchen-Königs
Elefantenkuh Hoa – ein Schritt vor, zwei zurück
Ein Röhrenaal reist nicht – er wohnt!
Die Zoo-Störchin und der Fremde – eine Liebesgeschichte
Graumull Nr. 10 – aus den Augen, aus dem Sinn?
Mähnenwölfin Luzie – Biografie einer Diva
»**I**'m a loser« – die Leidensgeschichte von Hyänenmann Kitano

Antje Schneider hätte als Kind gern einen Elefanten gehabt.
Aber die Plattenbauwohnung bot nicht den Raum. Später,
während des Wirtschaftsstudiums, kam die Einsicht, dass ein Elefant
als Haustier einfach zu teuer sei. Dann der erste Job. Der brachte
zwar Geld, aber nahm ihr die Zeit für ein solches Rüsseltier.
Seit ›Elefant, Tiger & Co.‹ hat sie alles, was sie braucht.
Elefanten, Spaß am Beruf und manchmal …
den Vogel ihrer Nachbarin.

Geschichten von Antje Schneider
Ein kapitaler Bock
KuFi, blas dich nicht so auf!
Oscas kleines Alphabet
Rhesusfaktor – negativ
Gefiederte Hummeln auf Hühnerbeinen
Henry im Glück
Frau Igel, das Schwergewicht

Jens Strohschnieder hat schon etwas gelebt:
an der holländischen Grenze, in den USA, in Göttingen,
Dresden, Leipzig.
Er hat schon ein wenig verweilt: auf fünf Kontinenten.
Er hat schon ein bisschen gelernt:
von Geschichte, Politik und Wirtschaft und hat sich auch am Musik-
und Filmemachen versucht. Die kleinen und großen Bewohner
des Leipziger Zoos haben ihm beigebracht, wie das Tier, das am
letzten Arbeitstag erschaffen wurde, funktioniert.

Geschichten von Jens Strohschnieder
Straußendame Heide – das Opfer der Schwampel
Vor und nach dem Fuchs und der Mann, der den Fisch bringt
Horst – aus dem Leben eines Prominenten
Zivi Bernd – ein echt sozialer Typ
Nandi – die Blonde mit langen Locken

Die Autoren spenden ihr Honorar:

• der Nashorn-Kampagne der »Europäischen Zoo- und Aquarien-
vereinigung«, die sich für den Schutz und Erhalt der vom Aussterben
bedrohten Spitzmaulnashörner in Sambia einsetzt. Für die Über-
wachung und Sicherheit der im North Luangwa Nationalpark lebenden Tiere ist der Ausbau der Schutztruppe des Parks dringend
erforderlich.

• sowie der »Wild Chimpanzee Foundation« (WCF), die die extrem
gefährdeten wildlebenden Schimpansen Westafrikas und deren
natürlichen Lebensraum schützt. Mit Theaterstücken, Filmen und
Diskussionsrunden soll die einheimische Bevölkerung für die prekäre
Lage der von Wilderei und Umweltzerstörung bedrohten Affen sen-
sibilisiert werden. Außerdem unterstützt die WCF Kleinst-Projekte
vor Ort, die der Bevölkerung bei der Nahrungsmittelversorgung
Alternativen zur Wilderei bieten.

Dank

Ganz herzlich danken wir den Pressefrauen Kathleen und Melanie:
für ihre tatkräftige Unterstützung und für ihre ungeachtet aller
Widrigkeiten stets gute Laune bei der Realisierung dieses Buches.

Außerdem danken wir Professor Klaus Eulenberger für die Beratung
bei den zoologischen Sachtexten.

Bildnachweis

Archiv Zoo Leipzig | S. 10 · 12f. · 14f. · 16 · 18–24 · 26f. · 33f.
36 · 39ff. · 52 · 54–57 · 66–69 · 70 · 72–75 · 95 · 98 · 100–103 · 118
120–123 · 128 · 130 · 133 · 140 · 142 · 144f. · 150 · 152f. · 160
162–164 · 166f. · 169ff. · 200 · 202f.
Bachmann, Christa | S. 126f.
Dwertmann, Maria | S. 188 · 190–195
MDR | S. 28 · 30ff. · 35 · 37f. · 48 · 50f. · 58 · 60f. · 64f. · 76 · 79f.
82–88 · 91–93 · 96f. · 104 · 106–110 · 112 · 115–117 · 134 · 136–139
146 · 148f. · 154 · 156–159 · 172 · 174f. · 176 · 178–181 · 182
184–187 · 196 · 198f. · 204 · 206f. · 208 · 210f. · 212 · 214–217

Besuchen Sie uns im Internet:
www.ullstein-taschenbuch.de

Umwelthinweis:
Dieses Buch wurde auf chlor- und säurefreiem Papier gedruckt.

Ungekürzte Ausgabe im Ullstein Taschenbuch
1. Auflage Juli 2008
© Ullstein Buchverlage GmbH, Berlin 2006/Econ Verlag
© Lizenz des Buchtitels und MDR/ARD-Logos durch
OTTONIA Media GmbH
Innenlayout Gabriele Burde Grafikdesign, Berlin
Umschlaggestaltung: HildenDesign, München
Titelabbildung: Christopher P. Grant/shutterstock
Druck und Bindearbeiten: OAN, Zwenkau
Printed in Germany
ISBN 978-3-548-37208-2